Klaus Stiglat

Bauingenieur? **Bauingenieur!**

Aufsätze, Reden, Essays

Ernst & Sohn
A Wiley Company

Inhalt

Klaus Stiglat – Ein Ingenieur und sein Werk

Geleitwort von Josef Seiler, Ingenieurgruppe Bauen

Wie nähert man sich einem Menschen, dessen Lebensweg man weitgehend kennt, von dessen Innenleben man allenfalls meint, eine Vorstellung haben zu dürfen, einem sehr vielseitig interessierten, vitalen Menschen, einem begeisterten Ingenieur? Am besten nähert man sich ihm anhand der Fragen, dem roten Faden, den er vielen Berufskollegen vorgegeben hat und deren Vita er damit vor dem Vergessen bewahrt hat:

Wie prägten Familie und Landschaft?
Wie kam es zum Bauingenieurstudium?
Welche Lehrer beeindruckten?
Welche Projekte forderten heraus?
Wie wird die Stellung des Ingenieurs in der Gesellschaft gesehen? Wie dessen Zukunft?

Klaus Stiglat wurde 1932 in Insterburg, Ostpreußen, geboren. Er verbrachte dort mit seinen Eltern in eher bescheidenen Verhältnissen eine behütete Kinder- und Jugendzeit bis Flucht und Vertreibung im Oktober 1944 die Familie ins Badische, zunächst in die Gegend um Offenburg, dann nach Lörrach führte. Ein Ostpreuße in Baden – für *Stiglat* zeitlebens Anlass, über die Unterschiede zwischen den Landsmannschaften zu reflektieren und manchmal auch seinen eigenen Ostpreußischen Kopf durchzusetzen. Ihm kommt dabei zugute, dass er in der Lage ist, sich als Beobachter außerhalb der aktuellen Situation zu stellen und diese bisweilen unbarmherzig klar zu analysieren. Dazu ist er, auch rückblickend, z. B. über die Erfahrungen in der Zeit der Endphase des Dritten Reiches, der Flucht und Vertreibung, des Einlebens in der neuen Umgebung, der Not der Nachkriegszeit mit dem Gesinnungsreinemachen, die ihn sehr geprägt hat, in der Lage. Ich kann mir sehr gut vorstellen, dass sich in jener Zeit sein feines Gespür für Charaktere entwickelt hat, das ihm sagt, mit welchen Menschen er gut kann und mit welchen nicht. Ich glaube, er hat damit selten falsch gelegen. 1947/48 fesselte den jungen *Stiglat* eine Lungentuberkulose ein gutes Dreivierteljahr an Haus und Bett. Teilweise hatte ihn seine Umwelt bereits abgeschrieben aber die Leseratte nutzte mit Unterstützung seiner Umgebung und eisernem Willen die ansonsten untätig verbrachte Zeit, alles zu lesen, was in seine Reichweite kam. Er brachte das Schuljahr in derselben Klasse zu Ende.

Sein Interesse für Mathematik, für Architektur, für einzelne exponierte Bauwerke, die Einsicht, dass die Aufbauzeit eher die Kreativität von Ingenieuren denn von Künstlern erfordern würde und nicht zuletzt wohl auch Bauleute in der Verwandtschaft führten *Klaus Stiglat* nach dem Abitur an die Technische Hochschule Karlsruhe, an der er von 1952 bis 1957 Bauingenieurwesen studierte und danach von 1957 bis 1965 am Institut für Baustatik bei Prof. *Fritz* als Assistent arbeitete und während dieser Zeit auch promovierte.

Heutigen Studenten gibt *Stiglat* mit auf den Weg, dass sein Studium seinen Vater alles in allem ca. zwanzig Prozent dessen Verdienstes während dieser Zeit gekostet hat. Für das (Zitat:) „politische Gemaule" um die Studiengebühren hat er vor dem Hintergrund der Familiengeschichte im unmittelbaren Vorfeld seines Studiums nicht viel übrig.

Bereits während des Studiums lernte er seine späteren Freunde und Partner *Herbert Wippel* und *Ernst Buchholz* kennen. Sie alle fanden sich nach und nach am Institut für Baustatik ein – *Horst Weckesser* kam erst dort hinzu – und praktizierten dort einen Mix aus Vorlesungs- und Übungsbetrieb, der Ausarbeitung von Gutachten zu Schadensfällen, Erstellen von Untersuchungsberichten im Rahmen der Institutsarbeit bis hin zum Prüfen, Entwerfen und Konstruieren bei Aufträgen aus dem Baualltag für das private Ingenieurbüro des Institutsleiters, das damals untrennbar mit dem Institut verbunden war. Aus jener Zeit resultieren viele Verbindungen zu älteren Assistenten, zu Kommilitonen oder auch zu ehemaligen Studenten, die sich gerne der nüchtern neutralen, sicher immer sachlichen jederzeit aber interessierten Art *Stiglats* erinnerten und auch nach seiner Zeit an der Hochschule die Verbindung aufrecht erhielten, sei es als Auftraggeber in Behörden oder Firmen, als Tragwerksplaner, die dem Prüfingenieur *Stiglat* ihre Berechnungen anvertrauten oder als Ratsuchende, die in verfahrenen fachlichen Situationen zu ihm kamen und auf kompetente Unterstützung hoffen durften.

Sicher haben sein selbstsicheres Auftreten und die klare Artikulationsfähigkeit dazu geführt, dass ihm Prof. *Fritz* bereits früh große Planungsprojekte anvertraute, darunter Institutsgebäude der Hochschule, für die neuartige Fertigteilbauweisen entwickelt wurden oder Bauten für das Land Baden-Württemberg; beispielhaft genannt seien die Neubauten für Justiz und Finanzen in Heidelberg, eine Stahlskelett-Betonfertigteil-Verbundkonstruktion. Prof. *Fritz* dürfte den größten Eindruck der Hochschullehrer bei *Stiglat* hinterlassen haben; lange Leine lassen, Eigenverantwortlichkeit stärken waren zu jener Zeit nicht üblich und sind es bis heute oft nicht, aber Stiglat hat dies geschätzt und auch später mit den Angestellten im Büro praktiziert.

Die Grundlage für das mit *Herbert Wippel* zusammen verfasste „Plattenbuch" waren Ergebnisse aus *Stiglats* Dissertation, die von den beiden, wie er sagt, teilweise „ausgeschlachtet" wurden. Die Verbreitung dieses Buches unter den Bauingenieuren der ganzen Welt war beiden eine große Befriedigung und mit amüsiertem Schmunzeln quittierte *Stiglat* die Nachricht von einer Raubkopie, die in einem Land Südostasiens in die Landessprache übersetzt worden war.

Seine Abneigung gegen Hierarchien ließen ihn, zusammen mit seinen Freunden *Herbert Wippel, Ernst Buchholz* und *Horst Weckesser* 1965 ein Ingenieurbüro namens *Ingenieurgruppe Bauen* gründen. Eine Partnerschaft – ganz ohne Partnerschaftsgesetz – in der Partnerschaft gelebt wird, die bis heute von Bauingenieuren eigenverantwortlich als Individuen in einer Gruppe geführt wird. Die Weitsicht der Namensgebung des Büros im Hinblick auf die Nachfolger, eherne Prinzipien in der Art der Geschäftsführung aus der Anfangszeit an denen *Stiglat* mit Sicherheit maßgeblich beteiligt war, haben die Ingenieurgruppe Bauen stetig wachsen und gedeihen lassen. Mit den Worten *Stiglats* (sinngemäß): „So ein Büro ist wie ein Kohledampfer, Korrekturen des Kurses sind kurzfristig unmöglich, die Brücke muss den Weg und das Ziel im Blick haben!"

Und immer wieder Kunst; graphische Kunst. Als Schüler schuf *Stiglat* eher Scherenschnitte, später Holz- oder Linolschnitte und dann die mittlerweile in der Bauingenieurszene bekannten Karikaturen (s. S. 67 ff.) zu berufsständischen Themen aber auch von Alltagsszenen, vorwiegend von der französischen Atlantikküste im Urlaub, den sich der Pflichtmensch *Stiglat* jedes Jahr für den ganzen Monat Juni verordnet (Zitat *Stiglat*: „Ein gutes Büro muss die Abwesenheit eines Chefs für einen Monat ertragen können – und für Notfälle sind ja auch noch die Partner da"). Auch hier tritt *Stiglat* als – meist wohlwollender – aber dennoch hintersinniger Kommentator mit der Feder auf. Sehr interessant empfand er es, wenn er seinen Beruf mit der Arbeit eines Künstlers verbinden konnte, sei es als Gutachter für eine Ausstellung von Serra in der Kunsthalle Baden-Baden, für die die 12 cm dicken Stahlbetondecken des Hermann-Billing-Baues aus 1907 beurteilt werden mussten, als Berater für den überdimensionalen Wasserschlauch von *Coosje van Bruggen* und *Claes Oldenburg* oder für *Jürgen Götz* beim Musengaul vor dem Staatstheater in Karlsruhe und dem S-Printing Horse vor der Print-Media-Akademie in Heidelberg, einer 13,5 m hohen Pferdeskulptur aus Aluminium- und Edelstahlguss oder als Initiator für den Zyklus Brücken von *Otto Rohse*, der entsprechend der Stiglat'schen Auswahl zwölf Brücken in Kupfer gestochen hat.

Aber auch die Literatur spielt eine bedeutende Rolle: Insbesondere die Literatur des 20. Jahrhunderts und dort die der Nachkriegszeit: Politik, Geschichte, Lyrik, Psychologie, Philosophie, unterschiedlichste Biographien. Gerade über letztere erschloss er sich viele Themenkreise aus der Sicht einzelner Betrachter. Die Frankfurter Buchmesse war ein Pflichttermin im Jahreskalender. Die Liebe zu den Büchern kommt nicht von ungefähr. Bereits als Schüler war er in der Schulbibliothek aktiv, am Institut an der Hochschule ordnete er die Institutsbibliothek neu, in der *Ingenieurgruppe Bauen* baute er die Fachbibliothek auf, die heute mehrere tausend Bände umfasst. Damit war er in Sachen Fachliteratur immer am Puls der Zeit. Die aktuelle Entwicklung,

(Halb-)Fachwissen im Internet zu konsumieren, bereitet ihm fast körperliches Unbehagen. Weitgehend unbekannt ist seine bibliophile Sammelleidenschaft für Brücken- und Bauingenieurliteratur. Seine Sammlung umfasst Werke vom 18. Jahrhundert bis heute. Als er erfuhr, dass die private Sammlung *Fritz Leonhardts* ins Ausland verkauft werden sollte, hat er persönlich dafür gesorgt, dass diese in das Südwestdeutsche Archiv für Architektur und Ingenieurbau (SAAI) überführt werden konnte. Für diese Institution ist auch seine eigene private Sammlung bestimmt.

Die Zeit als Beratender Ingenieur und ab 1968 als Prüfingenieur für Massivbau und Stahlbau in der *Ingenieurgruppe Bauen* ist geprägt von der gelebten Partnerschaft, in den Anfängen ein Experiment, das von Außenstehenden mit Skepsis verfolgt wurde. Nicht merkantile Interessen stehen an erster Stelle, sondern die Partnerschaft als Gemeinschaftswerk, das auf gegenseitigem Vertrauen beruht und das in regelmäßigen Abstimmungen und im Erfahrungsaustausch in den wöchentlichen Partnerbesprechungen gepflegt wird. Bis heute ist die Geschäftsleitung des Büros damit, letztendlich auch in wirtschaftlicher Hinsicht, gut gefahren.

Zum Verständnis seiner Arbeiten als Ingenieur soll hier *Klaus Stiglat* mit Auszügen aus seiner Autobiographie „Blicke zurück“, 2007 im Eigenverlag erschienen, selbst zu Wort kommen (In den mit ... markierten Zwischenräumen sind oft persönliche Anmerkungen über Auftraggeber oder die an der Planung Beteiligten, zu denen sich ein intensives, oft auch freundschaftliches Verhältnis entwickelt hat, die hier weitgehend ausgeblendet werden, aus denen jedoch deutlich wird, dass für *Stiglat* interessante Projekte immer mit ihn interessierenden Persönlichkeiten verbunden sind):

„Die Mitarbeit am Lehrstuhl/Institut hatte es ermöglicht, mit einer Vielzahl von technisch-praktischen und theoretischen Fragestellungen in Berührung zu kommen. Nun, im eigenen Büro, waren es neben Routineabläufen ähnlich gelagerte Aufträge, die eine Verknüpfung von Theorie und praktischer Umsetzung erforderten.

Erich Feidner war nahezu besessen von dem Ziel, den Wohnungsbau so wirtschaftlich wie irgend möglich zu machen, ohne dabei bauphysikalische Nachteile für die späteren Bewohner hinzunehmen. Diese Vorhaben waren eine Antwort auf die desaströsen Verhältnisse unmittelbar nach dem Krieg. Hierfür suchte er Mitstreiter, die ihm mit ihrem Rüstzeug helfen konnten. Er stieß auf unser Büro. Seine Vorstellung war äußerst einfach im Ansatz: Tragende Betonwände, so dünn wie irgend möglich (Anm.: bis 5 cm) zwischen zweiseitig gestellten Gipsplatten betoniert, ergeben eine mehrschalige Wand mit hoher Tragfähigkeit und guten raumklimatischen Eigenschaften. ... Viele Detailversuche, beispielsweise zum Verhalten dieser Verbundkörper bei Belastung oder als Schallschutzelement, hatte er bereits machen lassen und finanziert. Wir erhielten die Aufgabe, vor allem die Stabilität solcher Wände zu untersuchen und dies in von ihm wieder finanzierten Versuchen bestätigen zu lassen. Das alles erstreckte sich über Jahre. ...

Dieter Baumann hatte die bereits erwähnten Neubauten Justiz und Finanzen in Heidelberg geplant. Zu seinem neuen Projekt, das Ver- und Entsorgungszentrum (VEZ) im Klinikum Mannheim, zog er mit Billigung des Bauherrn unser Büro bei. Wir entwarfen erstmals große Spannweiten im Hochbau. In diesem Fall nutzte ich die Vorteile der Preflex-Verbund-Träger, die sich hier über zwanzig Meter weit spannen und trotzdem große Spannweiten bei niedriger Bauhöhe abtragen. Das Projekt war später immer eine gute und neue Bauherren überzeugende Referenz. ...

Im zweiten Schritt übertrug ich dieses Konzept auf den Neubau Anorganische Chemie der Universität Karlsruhe. ... Meine intensiven Versuche, ... (Anm.: dem Auftraggeber) ebenfalls eine Verbundkonstruktion nahezubringen und ihn von der Vergabe der Planung der Tragkonstruktion an die später ausführende Bauunternehmung abzuhalten, schlugen fehl. Er „glaubte" an den Beton, der nahezu bei allen Institutsgebäuden der Hochschulbauten dominierte und war fest überzeugt, eine Baufirma könne bessere, „billigere" Tragwerke entwickeln als ein Ingenieurbüro. ... Er stimmte schließlich zu, eine große Spannweite von über zwanzig Metern mit wenigen Stützen auszuführen, da er den Vorteil für die Einordnung der vielen Laborplätze nicht übersehen konnte ... (er) übertrug uns zwar nicht in diesem Fall die Tragwerksplanung, doch vertraute er dem Büro eine stoffneutrale Ausschreibung ... an, ein völlig neuer und erstmaliger Versuch, den wir zu seiner Zufriedenheit ausführten." (Anm.: Die Messung der Trägerdurchbiegung über eine lange Zeitspanne führte schließlich zu einem Aufsatz mit einfachen Formelbeziehungen über die zeitabhängigen Verformungen von Biegeträgern aus Stahlbeton)

„*Helmut Bätzner* und *Charlie Götz* gewannen den Wettbewerb für das Verwaltungsgebäude des Badischen Gemeinde-Versicherungs-Verbandes. Zuvor an einem Wochenende, saßen wir drei um einen riesigen Tisch und die beiden Architekten entwickelten ihre Raumvorstellungen. Sehr schnell überzeugte ich sie von dem Vorteil großer Spannweiten und so sah der Wettbewerbsvorschlag quadratische Kassettendecken mit fünfzehn Metern Seitenlänge vor, die an den Ecken auf schmalen Winkelstützen gelagert wurden. Die Gesamtlösung überzeugte, das Projekt kam auf den ersten Platz und wurde nach diesen Grundgedanken weiterentwickelt und dann gebaut." (s. *Baumeister* 1980; Anm.: das Gebäude wurde zwischenzeitlich „revitalisiert", also vollständig entkernt und neu organisiert. Die auch heute noch sichtbare Tragkonstruktion wurde unverändert beibehalten. Sie ist immer noch ein Vorzeigeobjekt).

Erweiterungsgebäude für den Badischen Gemeindeversicherungsverband. Decken als sichtbare Verbundkonstruktion mit weitgespannten Decken und vor der Fassade stehenden Stützen.

Institut für Meteorologie und Klimatologie (IMK) im Forschungszentrum Karlsruhe. Stahlverbunddecken mit vor der Fassade stehenden Stützen.

„Bei einem weiteren Gebäude auf dem selben Areal formten wir Jahre später die Grundidee weiter aus. ... Es entstanden großformatige Kassettendecken, von Stahlverbundträgern über große Spannweiten von bis zu sechzehn Metern zu schlanken, mit Beton verfüllten (Anm.: vor der Fassade stehenden) Stahlstützen getragen (s. *Beton- und Stahlbetonbau* 1991). ... Im genannten Bericht wird ein weiterer Hochbau beschrieben der im Karlsruher Kernforschungszentrum das Institut für Meteorologie und Klimatologie beherbergt. ... Wir überspannten die gesamte Gebäudetiefe von über zwölf Metern mit Verbundträgern, die auf äußerst kleinen Konsolen an den mit Beton verfüllten, unverkleideten Stahlrundstützen vor der Fassade aufliegen."

Ruine Schloss Gottesaue.

Schloss Gottesaue wird nach dem Wiederaufbau als Musikhochschule genutzt.

Ausführlich beschreibt er die Arbeit am schwierigen Projekt Wiederaufbau Schloss Gottesaue. Über Versuche an kubikmetergroßen Versuchskörpern zur Tragfähigkeit von Mauerwerk aus Sandstein und die Zusammenarbeit unter den Planern und mit den Baufirmen. Zitat: „Wir alle wollten dieses ausgefallene, herausfordernde und schwierige Projekt mit Glanz bestehen. ... Es wurde eine exzellente Referenz für unser Büro."

Die umfassende Beschäftigung mit historischer Bausubstanz war auch Anlass für die Betrauung des Büros mit dem Wiederaufbau des Neuen Museums in Berlin, dessen Anfänge *Stiglat* noch mit betreut hat und für das rückblickend das vorgenannte Zitat sinngemäß in vollem Umfang gilt. Zur Zusammenarbeit der Planer untereinander schreibt *Stiglat* allgemein: „Dieses Miteinander (Anm.: von Architekt und Ingenieur) erfordert von beiden Seiten Respekt vor dem Können, der Erfahrung und den Ideen des anderen, vor allem muss jeder aufgeschlossen sein für die Zwänge, die in dem von Form und Funktion, Festigkeit und Fertigung abgesteckten Feld liegen. Der Architekt darf nicht den Ästhetizist, der Ingenieur nicht den Technizist herauskehren, beides führt in einen unlösbaren Konflikt, doch zu keinem Produkt von Wert."

Und weiter zum Verhältnis des Prüfingenieurs zu den planenden Ingenieuren: „Gleiches gilt für den Umgang von Ingenieur und Prüfingenieur. Keiner von beiden ist höher gestellt. Der Prüfende ist der Unparteiische, welcher ungetrübt vom Blickwinkel und der Position des entwerfenden Ingenieurs nochmals die zur Ausführung bestimmten Berechnungen und Pläne kritisch auf mögliche Sicherheitsmängel hin abklopft und bei anderen Mängeln dezent auf diese hinweist. Diese kollegial sein sollende Zusammenarbeit rutscht nicht selten in erbärmliche Rechthaberei ab: Von den Normverfassern werden genügend schlecht verfasste Texte geschrieben, die engherzigen, ängstlichen und bürokratischen Kollegen ohne Phantasie Regieanweisung sind."

Viele der planerischen Herausforderungen, insbesondere an bestehenden Gebäuden, bei denen es um den Erhalt der Substanz ging, konnten oft nur mit Unterstützung von versuchstechnisch gewonnenen Erkenntnissen bewältigt werden. Diese sprengten häufig den Labormaßstab, da *Stiglat* Bauteilversuche bevorzugte, wie z. B. die bereits genannten Sandsteinkörper bei Schloss Gottesaue, Versuche zur Tragfähigkeit von Koenendecken vor Ort in der Psychiatrischen Klinik in Wiesloch, Versuche zur Verstärkung von Holzbalkenköpfen durch in Hirnholz eingedrehte Schrauben oder zur Bestimmung der wirksamen Einspannlänge von in Betonfundamenten eingespannten Stahlträgern; die damals dafür zur Verfügung stehenden Vorschläge aus der Literatur zur Bestimmung der Einspannlänge betrachteten ausschließlich den Stahl und nicht die Mitwirkung des Betons. Die Versuche gaben *Stiglat* recht. Die Einspannlängen konnten ohne Verlust der Tragfähigkeit deutlich reduziert werden.

In der letzten Zeit seiner aktiven Bürotätigkeit widmete sich *Stiglat* vermehrt der Planung von Verkehrsbauwerken. Unter seiner Leitung wurden neben zahlreichen kleineren Brücken auch die beiden Rheinbrücken für die Bahn bei Maxau und die zwischen Mannheim und Ludwigshafen geplant; die Rohrbachtalbrücke i. Z. der BAB A 8 bei Leonberg aus den 30er Jahren des 20. Jahrhunderts wurde ertüchtigt; die Haseltalbrücke bei Suhl i. Z. der BAB A 73 und die Rheinbrücke Kehl-Strasbourg, wiederum für die Bahn, wurden von ihm auf den Weg gebracht. Und Mitte der neunziger Jahre hat er die immerhin 180 m lange Schmelzerbrücke bei Rotenfels als semiintegrale Brücke konzipiert, bevor jemand wusste, dass man solche Brücken so nennt.

Neben seiner Bürotätigkeit hat *Stiglat* von 1975–1998 die Schriftleitung der Zeitschrift *Beton- und Stahlbeton* übernommen, eine Funktion, die ihm sehr am Herzen lag, allerdings nur von 7:00 bis 9:00 Uhr jedes Arbeitstages, nachdem zuvor bereits einige hundert Meter Schwimmen auf dem Tagesplan standen. Zehn Buch- oder Einzelveröffentlichungen, teilweise zusammen mit *Herbert Wippel*, Artikel in zwölf Betonkalendern und um die hundert Veröffentlichungen als Alleinverfasser oder in Coautorenschaft in Fachzeitschriften zu fachlichen, ingenieurgeschichtlichen und berufsständischen Themen sind in dieser Zeit entstanden. Insbesondere auf letztere, von denen einige in

Die Schmelzerbrücke: Semi-integrale Stahlbetonbrücke über die Murg bei Rotenfels.

Haseltalbrücke bei Suhl. Ca. 850 m lange Stahlverbundbrücke, Stahlquerschnitt längs eingeschoben.

Brücke über einen zum Biotop gewordenen ehemaligen Steinbruch bei Leimen.

Rheinbrücke Maxau für die Deutsche Bundesbahn.

diesem Buch aufgeführt sind, hat *Stiglat* großen Zuspruch von Berufskollegen erfahren, obwohl er sich nicht gescheut hat, uns Bauingenieuren den Spiegel wegen unseres weitgehend fehlenden Geschichtsbewusstseins vorzuhalten, und versucht hat, uns bewusst zu machen, dass wir an der von uns beklagten fehlenden öffentlichen Anerkennung selbst schuld sind.

Lieber Herr *Stiglat*, Sie können auf ein überreich erfülltes Berufsleben und auch bereits auf einige Jahre danach zurückblicken, weil Sie die Sphäre Ihres Berufes, die man getrost Berufung nennen darf, nicht verlassen müssen, wenn Sie Ihren Neigungen nachgehen. Auch wenn das ein oder andere vordergründig nichts mit dem Bauingenieurwesen zu tun hat, gibt es im Hintergrund immer Vernetzungen, die nur dem Eingeweihten – Ihnen – bekannt sind.

Das Geleitwort ist nun zu einem „Interview“ geworden, das wir über nahezu dreißig Jahre geführt haben. Einige Details habe ich Ihren „Blicke zurück“ und der Chronik der Ingenieurgruppe Bauen entnommen, hoffentlich, ohne zu viel Privates preiszugeben.

In diesen Tagen dürfen Sie Ihren achtzigsten Geburtstag bei ordentlicher Gesundheit feiern. Im Namen der Partner der *Ingenieurgruppe Bauen* sowie deren Seniorpartner gratuliere ich Ihnen herzlich und wünsche Ihnen zusammen mit Ihrer Frau weiterhin Gesundheit, alles Gute und ad multos annos

Ihr *Josef Seiler*

Bauingenieur? Bauingenieur!

Anmerkungen zum Selbstverständnis eines Berufsstandes

Vortrag anlässlich des 60. Geburtstages von Prof. Dr.-Ing Jörg Peter, 1991; Aufsatz in „deutsche bauzeitung", August 1992

Nach einer Umfrage des Dichter-Instituts in Zürich, gekürzt veröffentlicht im „*Schweizer Ingenieur und Architekt*" vom Oktober 1991, stehen wir Bauingenieure, nach unserer Meinung befragt, im Schussfeld von Kritik aus der Bevölkerung: Als Zerstörer der Natur, so meinen 87 Prozent der Befragten, als „Stiefelknechte/Rechenknechte" der Architekten glauben 60 Prozent. Parallel dazu befragte Maturanden sehen es weniger schwarz: Nur knapp ein Drittel kommen zu denselben Schlüssen wie ihre einige Jahre im Beruf stehenden, etwas älteren Bauingenieurkollegen. Allerdings meinen 82 Prozent von ihnen, die Informatik mache den Bauingenieurberuf spannender, interessanter – das ist die neue Generation. Und 42 Prozent, eine erhebliche, vor der Berufswahl stehende Gruppe, sieht unseren Beruf durch Vorschriften und Normen eingeengt. Und auf dieser Basis Bauingenieur sein oder werden wollen?

Schauen wir ein wenig zurück, um den Blick klarer zu bekommen. Von Anfang an lastete der Druck der Wirtschaftlichkeit bei den zu planenden Projekten über den Bauingenieuren. Bereits 1879, beim Einsturz der längsten Brücke der Welt, der Tay-Brücke, spielte vorangegangenes enges Kostendenken eine wichtige Rolle. *Max Eyth* berichtet 1899 darüber in seinem bekannten Buch „Hinter Pflug und Schraubstock", Skizzen aus dem Taschenbuch eines Ingenieurs, in der Novelle „Berufstragik" sehr ausführlich. Sein Brückeningenieur *Harald Stoß* ficht in seinen Berechnungen einen Kampf gegen die Naturgewalten, aber auch gegen die mit immer höheren Lastansätzen, z. B. für den Wind, immer weiter steigenden Baukosten der Brücke. „Unser Beruf verlangt oft genug rasche, entschlossene Entscheidungen, und wir sind nicht immer sicher, das Richtige getroffen zu haben", schreibt *Eyth*, als er seine Novellenfigur *Stoß* über seine alltäglichen Sorgen nachdenken lässt. Hauptsächlich sieht *Eyth* das Problem des Ingenieurs in der Auseinandersetzung mit den Naturgewalten. Tatsächlich ist der Auseinandersetzung Mensch-Natur, Technik-Naturgewalt übergeordnet die Überbrückung der Kluft zwischen Ingenieur-Ethos und Zwängen – wie z. B. einer falsch verstandenen, das Risiko leugnenden oder übersehenden Wirtschaftlichkeit. Hier, wie überhaupt in unserem Beruf, ist zunächst nicht Berechnung gefragt, sondern persönliches Stellungbeziehen, auch Zivilcourage genannt. Dieser Zwang zur Wirtschaftlichkeit war und ist es wohl auch, der uns nur schwer die richtige Stellung finden lässt. Einerseits sind wir erpicht, das Material mit Hilfe immer weiter verbesserter Theorien auszureizen. Andererseits fehlt uns die Phantasie, alle Lastfälle, und dazu gehört das Streusalz ebenso wie ein beliebiges Jahrhundertereignis, so vorauszusehen, dass der Schaden im gegebenen Falle möglichst gering gehalten wird. Wir sind zerrissen zwischen äußeren Zwängen und inneren Unsicherheiten, die zwar jeder Beruf kennt, die im Bauen jedoch tragische Dimensionen annehmen können. Angemerkt sei: Keine Statistik kann eine lebhafte Phantasie bzw. die Intuition des Ingenieurs ersetzen.

Wenige Jahre nach *Eyth* schrieb *Friedrich Dessauer* 1908 in seiner Schrift „*Technische Kultur?*“: „Ein Volk, das alle Kräfte braucht, um von der mühseligen Arbeit seiner Hände schlecht zu leben, hat keine Zeit zum Geistesleben. Ein Volk, dem die Maschinen alles leicht gewähren, hat Zeit und Freiheit zum Geistesleben ... Der Durchschnitt der Menschheit steigt im selben Maße in seiner geisteskulturellen Höhe, als die Technik wächst“. In diesen Sätzen ist die ganze Technik-Euphorie jener Zeit, aber auch der nach dem zweiten Weltkrieg enthalten. Die Frage nach dem vorhandenen geistigen Potential wird ausgeklammert. Wir sind von diesem Zustand weit entfernt.

Ist in den verflossenen über 80 Jahren mit den auch in unserem Arbeitsbereich nicht für möglich gehaltenen Entwicklungen die Baukultur gestiegen? Ist eine Veredelung, eine geistige Weiterentwicklung festzustellen oder nur eine mechanistische? Sind die Vergrößerungen der Spannweiten oder der Bauwerkshöhen rein bautechnische oder auch kulturelle Leistungen? Oder tragen sie wenigstens dazu bei, anderen solche zu ermöglichen? Mit anderen Worten: Ist das, was wir Bauingenieure schaffen, Wert an sich, d. h. Ergebnis eines Handelns auf der Grundlage von zeitunabhängigen, idealen Werten oder immer nur im Auftrag vollzogene Entwicklung, Bedarfsdeckung? Zähneknirschend denke ich immer wieder an die unseren wie den gesamten Ingenieurberuf treffende Äußerung *Sprangers* von 1921: „Der Techniker, sofern er nichts als reiner Techniker ist, fragt nicht nach Wert oder Unwert der Ziele, für die er ... die Mittel zusammenstellt. Er setzt voraus, dass diese eigentliche Wertentscheidung auf einem anderen Boden ... getroffen sei. Demgemäß kann die Technik in den Dienst aller übrigen Wertgebiete gestellt werden“.

Albert Speer hat genau dies getan, in seinen „Erinnerungen“ ist es nachzulesen: Am Ende steht er skeptisch der Technik gegenüber, der er, geblendet von ihren Möglichkeiten, diente und die er für ein unmenschliches, diktatorisches System einsetzte.

Vergessen oder verdrängt sind die von Technikern, auch von Bauingenieuren, verfassten Lobhudeleien auf den größten Führer aller Zeiten, zu finden auch in der seit 1903 bestehenden Fachzeitschrift *Beton und Stahlbeton*, die ich als Schriftleiter betreue. Erbärmlich sind die Plattitüden in mancher Rektoratsrede von Naturwissenschaftlern und Technikern, z. B. zur „Arischen Physik" eines *Lenard*, ebenso wie die jämmerlichen Hymnen auf *Stalins* Tod 1953. Naturwissenschaftler und Techniker waren es, die trotz teilweise tiefster fachlicher Bildung hier die Maßstäbe gänzlich verloren, das Standesethos verrieten. Ich will hier nicht verurteilen und werten, sondern ganz einfach die Frage anschließen: Sind wir heute gegen so etwas gefeit? Haben wir Schlüsse für uns gezogen und sie weitergegeben? Wir laufen in unserem bewegten, aufregenden Beruf nicht geschützt unter einer Glasglocke. Wir sind bei Projekten, z. B. denen des Verkehrsbaus u. a. m., keine Neutren, wir sollten unsere Stellung nicht immer hintanhalten. Wir müssen uns davor hüten, statt für eine menschliche, bleibende Bau-Technik zu sorgen, diese selbst zu einer Ideologie zu machen oder sie, weil wir in uns selbst die Kraft zur ständigen Auseinandersetzung nicht haben, an eine wie auch immer geartete Ideologie anzubinden oder anbinden zu lassen. Doch kurz zurück: In einem Bereich werden unsere Arbeiten weniger kritisch gesehen, sondern mehr so anregend, wie wir es uns wünschen: In der Malerei der Moderne. 1942–44 malte *Piet Mondrian* eine Reihe von New York City-Bildern. New York City erinnert an die gerasterten Fassaden der Wolkenkratzer, an eine Aufsicht auf eine kreuzweise bewehrte Platte (Bild 1). Die Vermischung der verschiedenen Ebenen, dargestellt durch die unterschiedliche Lage der farbigen Bänder, deutete Raum und Vielfalt des Lebens an. 1937 schuf *Paul Klee* den *„Aufstand des Viaduktes"* (Bild 2). Es wurde als Abbild der braunen Marschkolonnen interpretiert. Nehmen wir es als Sinnbild für die aus der geistigen Kontrolle der Techniker ausgebrochene Technik.

Auf dem Bild *„Die Bauarbeiter"* von *Fernand Leger* ist 1950 viel von Zusammenarbeit (der gemeinsam getragene Balken) und Optimismus zu spüren (Bild 3). Freiheit, Gleichheit, Brüderlichkeit der Arbeitenden war sein Thema. Hiervon geht immer mehr in unserem Tagesablauf unter Termin- und Finanzdruck verloren; und auch durch die Vereinsamung des Einzelnen im ausschließlichen Dialog mit seinem Computer. All dies stürzt auf uns als Ingenieure und Bürger herab. Man wird über den ständigen Umbruch, den rasenden Verkehr, die Hektik der Projektfolge, die neuen Theorien, die immer weiter verbesserten Berechnungsverfahren auf immer schneller laufenden Computern an *Jakob van Hoddis* mit seinem expressionistischen Gedicht von 1911, „Die Tage der Städte", erinnert:

„Dem Bürger fliegt vom spitzen Kopf der Hut
In allen Lüften hallt es wie Geschrei
Dachdecker stürzen ab und gehen entzwei
Und an den Küsten sagt man steigt die Flut
Der Sturm ist da. Die wilden Meere hupfen
An Land, um dicke Dämme zu zerdrücken
Die meisten Menschen haben einen Schnupfen
Die Eisenbahnen fallen von den Brücken."

Bild 1 Piet Mondrian, „New York City“, 1942; © 2012 Mondrian/Holtzman Trust c/o HCR International USA

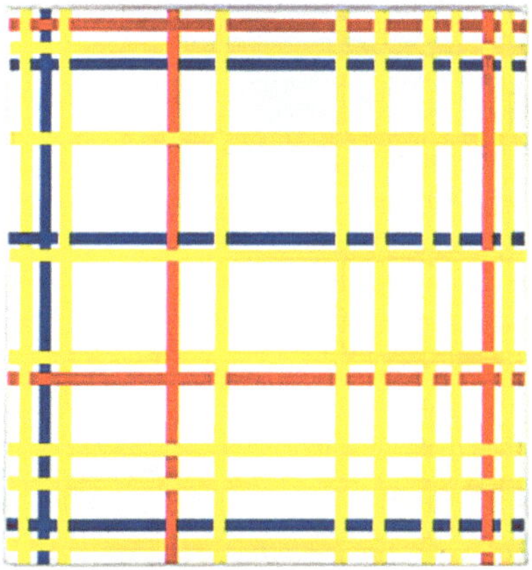

Bild 2 Paul Klee „Aufstand des Viaduktes“, 1937; © The Gallery Collection/Corbis

Bild 3 Fernand Leger, „Die Bauarbeiter“; © VG Bild-Kunst, Bonn 2012/The Gallery Collection/Corbis

Was tun wir? Wir arbeiten und planen ja nicht für diese Rückspiegelung. Wir bauen Brücken, Türme, Silos ... Doch das ist das äußere Ergebnis; Bauten für einen – so hoffentlich – guten Zweck: meist der Allgemeinheit dienend, Schutz bietend, schwierigen Wegen die anstrengende Steigung nehmend.

Tatsächlich setzen wir Bauingenieure uns bei jeder Aufgabe mit der Schwerkraft auseinander. Gleichgültig, ob wir Hochbauten, Brücken, Industriebauten oder Tunnels entwerfen, konstruieren, berechnen. Unsere Platten, Schalen, Balken sind Barrieren, Umlenkstellen gegen den stetigen Fluss der Kraftlinien im Raum, die in den vertikalen Kanälen der Stützen, Wände und Scheiben der Erde, d. h. der Gründung zuströmen. Der Bogen, auch der versteckte im Balken, führt die Kraftlinien zum sicheren Stützpunkt; das Gleichgewicht der Kräfte kommt über den Untergrund zustande. Die Umschließungen von Silos oder Behältern gleichen die Kräfte in den horizontalen Ebenen meist sofort aus. Das wichtige Auflager saugt die Kraftlinien in sich ein, in ihm haben sie keine ausgezeichnete Richtung, und sie werden hier neu verteilt; ein Lager ist Systemwechsel oder Änderung der Werkstoffe; ein Lager ist ein Punkt, ist Atemholen, ist kurze Ruhe. Die Konstruktionen sind die materialisierten, sichtbar gewordenen Kraftlinien. Mit ihrer Sammlung, Bündelung und Führung wird der Raum geschaffen, von dem *Peter Behrens* 1917 aus seiner Sicht als Architekt in einer kleinen Schrift „Über die Beziehungen der künstlerischen und technischen Probleme“ schrieb: „Die Aufgabe der Architektur ist und bleibt für alle Zeiten, nicht zu enthüllen, sondern Raum einzuschließen, zu umkleiden. Baukunst ist Körpergestaltung.“ Wir stellen zusätzlich das Gleichgewicht wieder her, das durch das Eindringen in die Kraftfelder gestört wird. Wir ordnen diese Störung so, dass sie verträglich wird. Es ist die Ausbalancierung der Kräfte. Die geschickte Auswahl ihrer Bahnen führt zu günstigen Lösungen. Dies ist der „immaterialle“ Teil unseres Wirkens. Und wenn die Bahnen im Detail gestaltet, die Konstruktion als Ganzes ein Abbild der ausbalancierten, proportionierten Kräfte ist, dann ist damit der ästhetische Anteil erfüllt. Oder um es mit dem konstruktivistischen russischen Maler, Architekten, Lehrer *Jakow Tschernichow* auszudrücken, der in seinem als Reprint erschienen Buch von 1931 „Konstruktion der Architektur und Maschinenformen“ Gesetze der Konstruktion aufstellt, u. a.: „Alles was wirklich konstruktiv ist – ist schön. Alles was schön ist – ist vollkommen. Alles was vollkommen ist – ist ein Beitrag zur Kultur der Zukunft“.

Selten wird uns alles zusammen gleich gut gelingen.

Das alles ist, wenn wir es richtig anstellen, „spannend“. Das ganze Leben ist einbezogen. Es ist eine Aufgabe, dafür einzustehen und unseren Teil der Technik und unseren Bau-Ingenieurberuf nicht zu dem werden zu lassen, wovon *Hans Magnus Enzensberger* in seiner als Menetekel für Technik, für Fortschritt zu verstehenden Komödie „Der Untergang der Titanic“ 1978 schrieb: „Der Eisberg hat keine Zukunft. Er lässt sich treiben. Wir können den Eisberg nicht brauchen. Er ist ohne Zweifel. Er ist nichts wert.“ Es lohnt sich, natürlich selbstkritisch, Bauingenieur zu sein!

Literatur

Kiener, U., und Basler, E.: Bauingenieur – altes Berufsbild / neue Perspektiven. Zusammenfassung einer Image-Studie. SIA Nr. 40, 3. Oktober 1991

Eyth, M.: Hinter Pflug und Schraubstock. Neuausgabe 1986. Stuttgart: Deutsche Verlags-Anstalt 1986

Dessauer, F.: Technische Kultur? Sechs Essays. Kempten und München: Verlag der Kösel'schen Buchhandlung 1908

Behrens, P.: Über die Beziehungen der künstlerischen und technischen Probleme. Berlin: Ernst Siegfried Mittler und Sohn 1917

Spranger, E.: Lebensformen

Tschernichow, J.: Konstruktion der Architektur und Maschinenformen. Reprint. Basel-Berlin-Boston: Birkhäuser Verlag 1991

Enzensberger, H.M.: Der Untergang der Titanic. Suhrkamp Taschenbuch 681, 1981

van Hoddis, J.: Der Tag der Städte. In: Literatur im Industriezeitalter. Marbach am Neckar: Deutsche Schillergesellschaft 1987

Konstruktionskritik?

Vortrag anlässlich des 60. Geburtstages von Prof. Dr.-Ing Udo Vogel, 1992; Aufsatz in „Beton- und Stahlbetonbau", März 1993, sowie in „Baukultur", März 1993

Die Werke des Bauingenieurs sind öffentlich, sind Teil der zeitabhängigen Baukunst. Sie sind mehr als nur Berechnung oder Ergebnis von Berechnungen, zumindest sollten sie mehr sein. Die nachfolgenden Ausführungen sind ein Versuch und eine Anregung, darüber nachzudenken.

Architekturkritik setzt sich mit der Raumbildung, der Gestaltung, der Funktion, der Einbindung in das Umfeld, der historischen Anbindung und der Entwicklung eines Bauwerks auseinander, seltener mit seiner Konstruktion. In der deutschen bauzeitung wird die Konstruktion meist kritisch betrachtet, in anderen Architekturzeitschriften weniger, in den überregionalen Zeitungen mit ihren Feuilletons häufig sehr verworren, und in unseren Bauingenieur-Fachzeitschriften kennen wir die eingehende Auseinandersetzung schon gar nicht. Die Kritik reicht weit zurück mit ihren Anfängen, die auf einer monumentalen, denkmalnahen, künstlerischen Betrachtung des Gebauten gründen. Die der Strömung unserer Zeit folgende, häufig herausgehobene sozialkritische Komponente wird in vielen Fällen vom Bauwerk selbst als Alibi-Argument entlarvt.

Die Lektüre von kritischen Beiträgen zur Architektur, also zu Gebautem, zur Baukunst, deren Verfasser fast ausschließlich kunstgeschichtlich, kunsthistorisch-geisteswissenschaftlich ausgerichtet sind, zeigt immer wieder, dass das Verständnis für den Hintergrund eines konstruktiven Entwurfs und damit für den Beitrag des Ingenieurs zur Baukultur der Zeit äußerst gering ist. Darin liegt nicht unbedingt böse Absicht, sondern Unvermögen. Wenn z. B. der Kritiker *M. Schreiber* (früher FAZ, jetzt SPIEGEL) in der aufwendigen Holzmann-Festschrift: „Faszination des Bauens" [1] versucht, den Arbeiten des Bauingenieurs tiefer nachzuspüren und gerecht zu werden, bleibt er weitgehend bei einer dunstigen Aussage ohne klare Konturen für die Spannungsfelder des Ingenieurs: Die Herkunft von *Schreiber* wie anderer Kritiker aus der Literatur und Literaturkritik oder aus der Kunstgeschichte ist nicht zu übersehen.

Wir müssen uns natürlich fragen, warum wir Ingenieure den Kunsthistorikern dieses ganze Feld überlassen haben. Nach wie vor sind die von *H. Sedlmayr* in „Verlust der Mitte" [2] gestellten Fragen gültig: „Wie ist das Verhältnis von Ingenieur und Architekt? Sind sie ein und dasselbe? Wie verhält sich ihre gegenseitige Kunst?" Gefragt wurde so erstmals im letzten Jahrhundert beim Vordringen der Werkstoffe Stahl, Beton und Stahlbeton, mit dem Erscheinen der linienhaften, lichten, leichten rippenartigen, d.h. mehr linearen Beton- und vor allem Stahlkonstruktionen, die gegen die massigen Säulen, Kuppeln und Wände der „monumentalen Bauten“ antraten. Sie wurden von den mehr „künstlerisch“ ausgerichteten Architekten den nicht repräsentativen Bauwerken zugeordnet: den Bahnhofshallen (denen sie ebenso wie den großen Brücken monumentale, ja bombastische Eingangsbauwerke vorsetzten; schließlich wollten die Auftraggeber auch etwas vorzeigen können), den Markthallen, Kaufhäusern, Fabrikgebäuden.

Wir erleben heute, allerdings schon wieder abklingend, ähnliches mit der Postmoderne, die Konstruktives nahezu ausschließlich als Applikation, als Zierrat benutzt. Zum Beispiel die Krantore alter Hafenspeicher, aufgesetzt auf neue Tonnendächer, mit denen jedoch keine Getreidesäcke mehr auf die Lagerböden gezogen werden. Es sind die herausgegriffenen Einzelteile gewesener Epochen und Stile, in diesem Fall konstruktive Elemente, deren heutige Aufgabe unklar bleibt, und häufig lässt die konstruktiv-martialische Ausbildung nur Rückschlüsse auf das fehlende konstruktive Verständnis des Planers zu. Allerdings muss auch ein Bauingenieur zugeben und verstehen, dass die Postmoderne eine wohl auch notwendige Reaktion war auf das vorangegangene „zu technische“ Bauen des Funktionalismus, Brutalismus usw. Viele unserer modernen Gebäude waren die falsch verstandene Fortführung des Bauhausgedankens, in dem Standardisierung, Normierung eine große Rolle spielten, jedoch mehr unter sozialen Aspekten. Bemühen wir uns um dieses Verständnis? Es geht ja schließlich um Fragen wie z.B. Bauwerk und Mensch, und an diesen Fragen waren wir bauenden Ingenieure kaum je ernstlich interessiert.

Es ist schon längst an der Zeit, als Bauingenieur über die Konstruktion und ihre Bedeutung, ihre Aussage, weitreichender als ausschließlich über deren Berechnung nachzudenken. Eine Phase der Konsolidierung nach Jahrzehnten der stürmischen Entwicklung auf dem Gebiet der Theorie und der Werkstoffe sowie der „Überberechnung“ täte der konstruktiven Planung gut.

Konstruktion ist die Auseinandersetzung des Ingenieurs mit den Kräften. Auch hier könnte man von „Stilen“ sprechen. Als Beispiel sei auf den Turm von *Eiffel* (300 m hoch, 1889) in Paris und auf die Stromleitungsmasten an der Oka (120 m hoch, 1921/29) von *Suchow* [3] verwiesen (Bild 1 und 2).

Auf der einen Seite eine „stabile“, der Zeit entsprechend mit Ornamenten gestaltete voluminöse Gitterkonstruktion, schwer, aber nicht plump, mit den vier Eckpfeilern eine Kurve etwa gleichen (Biege-)Widerstands gegen den Wind beschreibend, den Eindruck von Dauer und Stabilität vermittelnd. Dagegen das zerbrechlich wirkende, hyperbolisch aus gebogenen Flacheisen und U-Profilen geformte räumliche, leichte Netzwerk der *Suchow*-Türme, an dessen großer Lebenserwartung der Beschauer zweifeln möchte. Beide Ingenieure mussten sich gleichermaßen mit der Schwerkraft und vor allem mit der Windbeanspruchung auseinandersetzen. Beide mussten wirtschaftlich und fristgerecht bauen,

Suchow als Firmeningenieur mit seinen zahlreichen Industriebauten wahrscheinlich unter noch größerem Druck als *Eiffel*. Während das Unternehmen *Eiffel* bereits in der Werkstatt präzise vorgefertigte Teile zur Montage auf die Baustelle lieferte, machen die Details in den Konstruktionen von *Suchow* vielfach einen „baustellengeschneiderten" Eindruck.

Beiden Ingenieuren standen die – von ihnen selbst fortentwickelten – theoretischen Erkenntnisse ihrer Zeit (1880 bis etwa 1925) zur Verfügung. Aber: welch unterschiedliche Ergebnisse, die doch nicht nur ausgesprochen ästhetischer Kritik überlassen werden sollten!

Schon *Eiffel* entgegnete den zahlreichen Künstlern, Architekten und Literaten auf ihre harsche Kritik an dem von seinem Unternehmen gebauten Turm, „... dass er seine eigene Schönheit entfalten werde" und er fragte dagegen, ob den Bedingungen der Kräfte nicht ebenfalls die der Harmonie entsprächen. (Eine Formulierung, die *Le Corbusier* etwa 40 Jahre später wieder aufnahm.)

Tatsächlich ist eine bewusste Auseinandersetzung mit der „Sammlung, Bündelung und Führung" der Kräfte mehr als eine rationale, ausschließlich auf die Gesetze der Naturwissenschaft bezogene und mit den „gemeisterten Schwierigkeiten" abgeschlossene mechanische oder gar mechanistische Tätigkeit. Konstruieren ist auch Gestaltung, d. h. mit der Sammlung, Bündelung und Führung der Kräfte eine geistige Auseinandersetzung mit der ständig einwirkenden Schwerkraft, mit den möglichen Naturgewalten Erdbeben, Wind, Feuer, Flut und mit der Ökonomie.

Bild 1 Eiffelturm zur Weltausstellung 1889 [6]

Bild 2 Stromleitungsmasten an der Oka von Suchow [7]

Diese Auseinandersetzung scheint in anderen Denkbahnen abzulaufen als das, was gemeinhin unter Architektur verstanden wird. Die Randbedingungen, die Kriterien der Kräfteführung sind anders und aus vielerlei Gründen zwingender formuliert als bei einer ausschließlich „künstlerischen Sicht" auf das Bauwerk: der Werkstoff, seine Bearbeit- und Formbarkeit, seine ertragbare Beanspruchung (Ausnutzbarkeit), daneben die Stabilität der einzelnen Tragglieder setzen Grenzen in den Abmessungen und damit zunächst in den Proportionen (deren Austarierung in einer Betonkonstruktion anders als in einer aus Stahl vor sich geht).

„Die Architektur liegt zwischen Ratio und Emotion" hat der Wiener Architekt *Gustav Peichl* seine Arbeit beschrieben. Die Konstruktion ist sicher näher bei der Ratio angesiedelt; jede zu starre mechanische oder nur wirtschaftliche Auslegung und die Ächtung jeder gefühlsmäßigen, intuitiven, auch spielerischen, d. h. nicht streng wissenschaftlich erscheinenden Komponente als „unexakt, nicht ingenieurgemäß" führt zu Erstarrung und Verkrustung. Schwere, Plumpheit und Monotonie sind das Ergebnis. Hier müssen wir ansetzen.

Allerdings: Im Gegensatz zur Darstellung einer beliebigen Schwere (erreichbar durch flächenhafte Elemente wie Platten und Scheiben) ist eine „Grenz-Leichtigkeit" (Seile und Membranen) nicht zu unterschreiten. Das schwebende „Nichts" ist mit einer zu nutzenden Konstruktion (z. B. Brücke, Förderband ...) nicht zu verwirklichen, höchstens vorzutäuschen, also ein technisches Trompe l'œil. Dies liegt im Grunde bei vielen äußerst leicht und licht sich gebenden flächenhaften Konstruktionen vor. Um sie technisch (und gestalterisch) vollständig zu beurteilen, gehörten sie zusammen mit ihren unterirdischen, notwendigen Massen betrachtet: Ein Bauwerk endet nicht mit dem sichtbaren Übergang in die stützende Erde.

Mögliche Nachteile sehr leichter Konstruktionen, z. B. deren Schwingungen, wirken beeinträchtigend auf den Menschen, wie ihn andererseits überdimensionale Konstruktionen des Maßes und letztendlich des Vertrauens berauben, dessen Eintausch gegen den Glauben an die (Bau-)Technik wir nicht fördern sollten. Den langen, rein technischen und mechanischen Betrachtungen zur „Grenzspannweite" von Brücken und der „Grenzhöhe" von Hochhäusern und Türmen möchte ich provozierend die Frage entgegensetzen: „Wie viel Spannweite erträgt der Mensch?" Auch die breiteste Fahrbahn wird für den auf einer sehr hohen und sehr langen Brücke Fahrenden bei ungehinderter Seitensicht zur Bewegung auf schmalem Grat und die heute bereits vielfach vorgesehene seitliche Sichtbegrenzung (allerdings oft aus anderen Gründen angebracht) erzeugt einen gewissen Tunneleffekt. Solche Einwirkungen, häufiger wiederholt, und bei der zunehmenden Bevölkerungsdichte ist dies abzusehen, können nicht ohne Einfluss auf die Psyche und damit auch das Zusammenleben der Menschen bleiben.

Wenn nach dem menschlichen Maß der Wohnung, eines Platzes, der Stadt, eines Industrieprojekts gefragt wird, ist die Frage nach der erträglichen Dimension einer Brücke oder eines Turms nicht mehr eine nur technische. Die einst von *Speer* im Auftrag von *Hitler* ins Auge gefassten, später als Nazi-Größenwahn bezeichneten Planungen für Monumentalbauten werden heute angestrebt, vielfach sind sie bereits erreicht oder überboten. Nicht sehr häufig werden dabei fassbare Grundeinheiten beibehalten, so dass die große Dimension erträglich wird. Die Planer trug und trägt oft der „Rausch der großen Dimension“ davon, zumindest ist die Gefahr hierfür vorhanden. Dieses Streben zur großen Dimension, zur äußerlichen Sichtbarmachung unserer Beherrschung von Theorie, Material und Bauverfahren wird uns eines Tags blind sein lassen, uns die Grenzmarke nicht erkennen lassen, ab der das Terrain unsicher wird. Dies trotz der besten Sicherheitsphilosophien, Werkstoffkenntnisse und Theorien für die Berechnung: Sie sind lediglich die besten eines Zeitabschnitts. Viele kleine Unsicherheiten führen zur großen Unwägbarkeit. Haben wir in dem Kreis Natur-Konstruktion/Zeit-Termin/Ökonomie wirklich alles so im Griff wie es uns unsere Normen, d.h. unsere Erkenntnisse und die auch für Ungeübte zugänglichen Möglichkeiten der Computer, vorgaukeln?

Im Übrigen trübt das Starren auf große, spektakuläre Aufgaben den Blick und schmälert die Empfindlichkeit für die wesentlich größere Zahl ebenfalls gut zu lösender Alltagsaufgaben. Ein einfaches, positives, wenn auch ausgefallenes Beispiel hierzu: Seit Jahren werden Rohre mit in einer Ebene liegenden Krümmungen gebogen. Eine kleine, aber besondere Aufgabe verlangte eines Tags das räumlich gekrümmte Rohr; das war bis dahin nicht möglich gewesen. Im Normalfall wäre der Auftrag abgelehnt worden. Die Aufgabe reizte jedoch den zuständigen Werkingenieur. Er erweiterte den Biegevorgang nach unter großem Zeitdruck vorangegangenen handwerklichen und theoretischen Vorbereitungen. Das Ergebnis ist der aus einzelnen räumlich gekrümmten Rohrschüssen zusammengesetzte Gartenschlauch der Popkünstler *Claes Oldenburg* und *Coosje van Bruggen* in Freiburg (Bild 3). Ein sehenswerter Beitrag zur Kunst – unbekannt, was den technisch-kreativen Beitrag betrifft. Es werden bei einer Vielzahl von nicht spektakulären Konstruktionen Lösungen eingeführt, oder sie könnten eingeführt werden, ohne dass hiervon die „Ästhetiker“ auf der einen und die „Techniker“ auf deren Seite Kenntnis nehmen.

Erstere halten den technischen Beitrag für belanglos, da sie ihn weniger verstehen und für reinen Hilfsdienst halten; für uns Techniker wäre die technische Lösung (die ja Denkprozesse ebenso umsetzt wie dies der Künstler in seinem Bereich tut) interessant, nur: Welcher Techniker schaut so eingehend eine Pop-Plastik an? Oder anders gefragt: Wie sehen wir technisch Ausgerichteten Gebautes überhaupt an?

Mit dem Erledigen der technischen Einzelprobleme ist die Aufgabe nicht vollständig gelöst, genauso wenig mit den künstlerischen allein. Das Gesamtwerk muss seine Beurteilung erfahren; muss sich messen und wägen lassen am menschlichen Maß und am technischen Aufwand, an der

Bild 3 Wasserschlauch in Freiburg von Claes Oldenburg

intellektuellen Bewältigung der Kräfte und der Darstellung ihrer Wege als Tragelemente, an ihren Groß- und Kleinformen [4], an der Logik der Entwicklung dieser Elemente innerhalb der Konstruktion. Und auch am Aufwand der technischen Mittel und ihrer Angemessenheit und schließlich an den Folgekosten.

So ergibt sich eine Kunst des Bauingenieurs, der mit geisteswissenschaftlichen Überlegungen nur nachzuspüren ist, wenn sie um allgemeine „technische" Kriterien erweitert werden. Diese gehören dazu; ohne sie bleibt eine Beurteilung des Gebauten unvollständig. Dagegen werden sich die „reinen Ästheten" wehren, mit aus ihrer Sicht guten Gründen. Aber sie werden dann weiterhin an wichtigen Kerndingen vorbei schauen und vorbei schreiben. Wir Bauingenieure müssen bereit sein, anzuerkennen, dass die Berechenbarkeit einer Konstruktion lediglich ein (notwendiges) Element ist; die übrigen Kriterien müssen herausgearbeitet und aufgezeigt werden. Dies ist eine Aufgabe für die Konstruktionskritik, die nicht losgelöst von Architekturkritik einhertreiben, also keine neue Kritikform darstellen soll, sondern Bestehendes ergänzt, ausweitet und abrundet. So werden wir verständlich. Wir schärfen unser Sehen und vertiefen Gefühl und Verständnis für die konstruktive Form. Wir verbreitern den Dialog mit dem Ziel, den Kräften Gestalt zu geben und sie mit den übrigen Beiträgen am Gebauten zur Symbiose zu bringen.

Diese Überlegungen sind im Kern nicht neu. Bereits Ende des letzten Jahrhunderts gab es zahlreiche Stimmen von aufmerksamen Ingenieuren, die früh die enge technisch-geistige Entwicklung des Bauingenieurs bedauerten und die Auswirkungen vorausahnten, wie sie dann inzwischen eingetreten sind. Es ist doch so: Wer sich an die Öffentlichkeit begibt, und mit den Ingenieurbauwerken tun wir es jeden Tag, stellt sich dem Werten anderer. Viele von uns möchten das eine nur zu gern, das andere aber vermeiden. Wir sind als Ingenieure empfindlich gegen Kritik, also sicher auch gegen eine „Konstruktionskritik". Empfindlicher noch sind wir, wenn in Architekturkritiken niemand von uns Notiz nimmt, selbst wenn unser Beitrag bedeutend ist. Und dies, obwohl doch alles nach Berechnung und Norm so einsichtig und eindeutig richtig ist, also nicht fehl sein kann. Wir höhnen, wenn in solchen Beiträgen die Werke der Ingenieure ungeschickt, unzureichend oder gar falsch ausgedeutet werden, wenn wir also wieder einmal falsch verstanden werden. Warum dies? Die Frage lautet ganz einfach: Was tun wir für das Verständnis unserer Konstruktions-Philosophie? Haben wir überhaupt eine? Oder mehrere? Wie lauten sie?

Es steht zu befürchten, dass eine Fußnote des Ingenieurs *Czech* in seinem Beitrag „Brückenarchitektur und Brückentore" aus dem Jahre 1911 immer noch zutrifft. Er schrieb: „Ich habe die Erfahrung gemacht, dass ein Ingenieur, der seinen Kollegen und Vorgesetzten gegenüber künstlerische oder gar philosophische Interessen merken lässt, auf dem besten Wege ist, sich zu kompromittieren und den Kredit des Fachmanns zu verlieren."

Ein Satz von *Gotthold Ephraim Lessing* (1729–81), dem „Erfinder" der Literaturkritik, kann uns helfen. Er folgerte in seinem Beitrag „Vom Nutzen der Kritik" [5]: „Wer richtig raisonniert, erfindet auch; und wer erfinden will, muß raisonnieren können. Nur die glauben, daß sich das eine von dem anderen trennen läßt, die zu keinem von beiden aufgelegt sind."

Literatur:

[1] Schreiber, M.: Faszination des Bauens. Mainz: v. Hase & Koehler 1990.

[2] Sedlmayr, H.: Verlust der Mitte. Frankfurt: Verlag des Goldenen Vlies 1955 (neuere Ausgaben liegen vor).

[3] Bearbeitung Graeje, R. : V. G. Suchov – Die Kunst der sparsamen Konstruktion. Stuttgart: Deutsche Verlags-Anstalt 1990.

[4] Stiglat, K.: Konstruktion und Details. deutsche bauzeitung 126 (1992), H. 4, S. 14–19.

[5] Lessing, G. E.: Vom Nutzen der Kritik. In: Kritik und Dramaturgie. Stuttgart: Reclam Jun. NT. 7793, 1989.

[6] Loyrette, H.: Gustave Eiffel – Ein Ingenieur und sein Werk. Stuttgart: Deutsche Verlags-Anstalt 1985.

[7] Suchow, V.: Die sparsame Konstruktion. Stuttgart: Deutsche Verlags-Anstalt 1990.

Statiker – Tragwerksplaner – Bauingenieur

Gedanken zu einem Berufsbild

Beitrag im Seminarband des 1. Massivbauseminars, 1992; Vortag auf der Baufachtagung des Instituts für das Bauen mit Kunststoffen, 1993; Aufsatz in „Beratende Ingenieure", März 1993, sowie in „Ingenieurblatt Baden-Württemberg", Mai 1995

Die Anfänge: Woher? 1779 wurde die erste gusseiserne, bereits 30 m weit spannende Brücke in Coalbrookdale/England gebaut. Ihre eisernen Rippen beschrieben noch den Umriss von steinernen Quaderbrücken. In Nordamerika konstruierte *Finlay* 1796 die erste Kettenbrücke mit angehängter Fahrbahn, noch unversteift. Unser Beruf trat verstärkt in Erscheinung, bevor ihm die großartigen theoretischen Grundlagen wie die Biege- und Fachwerktheorie zur Verfügung standen. Erstere wurde 1826 von *Navier*, letztere 1851 gleichzeitig, jedoch unabhängig voneinander, von *Culmann* und *Schwedler* veröffentlicht. Mit stetig verbesserten und ausgebauten Berechnungsverfahren gelang es, die steigende Nachfrage nach Ingenieurbauwerken in den von einer stürmischen Bauentwicklung gekennzeichneten Jahrzehnten etwa ab 1800 technisch und wirtschaftlich zu befriedigen.

Mit dem Aufkommen der Eisenbahn (1825 in England, 7.12.1835 Nürnberg–Fürth) stieg der Bau von Eisenbahnlinien und damit von Bahnhofshallen, Brücken, Tunnels stark an. Um über diesen Baurausch allein auf dem Gebiet des Eisenbahnwesens eine Vorstellung zu geben: Heute betreiben DB und DR zusammen etwa 42 000 km Strecke. 1840 waren es in Deutschland knapp 500 km, etwa 50 Jahre später, 1890, bereits 41 800 km, also fast genauso viel wie heute. In knapp 50 Jahren wurden Jahr für Jahr i. M. 800 km Eisenbahnlinien gebaut! Die 1837 gegründete Fabrik Borsig lieferte 1854 bereits die fünfhundertste und 1858 die eintausendste Lokomotive aus.

Bau- und Maschineningenieure waren die Heroen dieser Zeit. Sie bewältigten die Unbilden der Natur und bändigten die Naturgewalten, sie waren die Träger der Zivilisation, sie beeinflussten mit ihren Werken die Kultur. Von nun an zieht die moderne Technik in jeden Winkel des menschlichen Lebens ein, und sie wird freudig begrüßt als Trägerin des Fortschritts.

Äußere Gefährdung Vor allem totalitäre Staaten geben der Technik und damit den Technikern einen hohen Stellenwert, aus politischen Gründen. Wie groß die Gefahren eines von den Technikern nicht widersprochenen Missbrauchs der Technik sind, kann man u.a. in *Albert Speers* „Erinnerungen" nachlesen. Der Baumeister *Hitlers* beschreibt als Architekt-Ingenieur, wie ihn ausschließlich die gestellten Bauaufgaben reizen, die Politik ihm aber viel zu spät als deren Basis bewusst wird. Er beschließt seine „Erinnerungen": „Entscheidende Jahre meines Lebens habe ich der Technik gedient, geblendet von ihren Möglichkeiten. Am Ende, ihr gegenüber, steht Skepsis".

In der DDR ermangelte es an baulicher Gestaltung auch deswegen, weil Ingenieurlösungen politisch höheren Stellenwert besaßen als die ebenfalls notwendigen bauästhetischen Fragestellungen. Und weil die Produktion Vorrang vor allem hatte. Der Ausstoß dominierte alles.

Stalin hatte, charakteristisch für System und Zeit mit ihrem Glauben an das Maschinenzeitalter, die Schriftsteller als „Die Techniker der Seele“ bezeichnet. Man war stolz darauf. Aber Technik, auch Bautechnik, ohne eine ethische Basis, ohne Anbindung an allgemeine Werte, macht ihre Betreiber positionslos und damit anfällig und kritiklos für politische Fehlentwicklungen. Wie weit sind wir genügend zivilcouragiert, uns wenigstens ungemäßen technischen oder finanziellen oder terminlichen Forderungen zu widersetzen, um uns selbst und unseren Mitarbeitern einen Rest von Würde zu bewahren, die in unserem (demokratischen!) Wirtschaftssystem häufig genug gering geachtet wird? Viele Beispiele ließen sich anfügen.

(Bau-)Ingenieure aus der Sicht anderer Es kommt nach der Jahrhundertwende u. a. aufgrund der durch die Technisierung entstehenden sozialen Konflikte und der Entfremdung zwischen Mensch und erzeugtem Produkt zur „Konfrontation“ von Geisteswissenschaftlern und technischer Intelligenz. *Friedrich Dessauer*, Naturwissenschaftler und Philosoph, schreibt 1908 euphorisch: „Der Durchschnitt der Menschheit steigt im selben Maße in seiner geisteskulturellen Höhe, als die Technik wächst“ und „Der größte Ingenieur ist der größte Freund der Kultur“. *Eduard Spranger*, Psychologe und Pädagoge, bemerkt 1921: „Der Techniker, sofern er nichts als reiner Techniker ist, fragt nicht nach Wert oder Unwert der Ziele, für die er ... die Mittel zusammenstellt. Er setzt voraus, daß diese eigentliche Wertentscheidung auf einem anderen Boden ... getroffen sei. Demgemäß kann die Technik in den Dienst aller übrigen Wertgebiete gestellt werden“. Wenn dies zutrifft, verrichten wir tatsächlich ausschließlich Hilfsdienste. Dies soll später nochmals angesprochen werden.

Ein Zitat, welches uns sicher schmeichelt: „Auch die Ingenieure betreiben Architektur, denn sie üben die aus den Naturgesetzen abgeleitete Berechnung, und ihre Werke lassen uns Harmonie empfinden. Es gibt also eine Ingenieur-Ästhetik, denn bei der Berechnung müssen die Glieder der Gleichung gesetzt werden, und dabei entscheidet der Geschmack. Sobald man jedoch von der Leidenschaft der Berechnung erfasst wird, befindet man sich in einem Zustand reiner Geistigkeit, und in diesem Zustand schlägt der Geschmack sichere Bahnen ein“. So *Le Corbusier* 1922. Dies ist überhöht und schwärmerisch gesehen. Es geht um die Harmonie, den Einklang mit den Gesetzen des Universums, der universalen Mechanik, die aus seiner Sicht wir Ingenieure verwirklichen. Welch eine hohe Einschätzung unserer Arbeit, am Ausgang des letzten und am Anfang dieses Jahrhunderts bis in die dreißiger Jahre, als Künstler wie *Kandinsky*, *Leger* u.a. von der Ingenieurkunst und der Technik als einem der Kunst benachbarten Gebiete sprachen und Teile dieser Technik in ihre Kunst einführten. Als Architekten Bauwerke wie Dampfer gestalteten oder Flugzeugformen übernahmen und Ingenieurbauwerke positiv in den darstellenden Künsten auftraten (z. B. der Eiffelturm in den kubistischen Bildern von *Delaunay*).

Herausragende Leistungen Die Leistungen der Bauingenieure sind, vor allem in der Frühzeit, wahrlich atemberaubend. Bereits im September 1823 legte *Navier* einem Bericht über eine Brücken-Informationsreise (1821) in England an den Generaldirektor des Straßen-, Brücken- und Bergbaues eine „Abhandlung von den Hängebrücken" bei, die über zweihundert Druckseiten umfasst. In ihr wurden Probleme der Schwingungen, der Windbeanspruchung, der Temperatur, der unversteiften Fahrbahn in einer beneidenswerten Klarheit angesprochen und mathematisch behandelt. *Gilly*, *Eytelwein*, *Tulla* regulierten Flüsse, bauten Kanäle und Wasserbauwerke in ganz Europa (Danzig, Elbing, Oder, Warthe, Weichsel, Memel, Rhein) und schrieben darüber bereits am Anfang des letzten Jahrhunderts. In den zwanziger und dreißiger Jahren unseres Jahrhunderts entwickelten *Dischinger* und *Bauersfeld* die Membrantheorie der Schalen und in der Folge entstanden die eierschaldünnen Kuppeln über den Großmarkthallen in Basel, Frankfurt, Leipzig usw.

Und wenn heute so stolz auf kurze Bauzeiten hingewiesen wird (z.B. beim Messeturm in Frankfurt) dann sei daran erinnert, dass man für das Empire State Building mit dem Aushub am 22.1.1930 begann und Mitte November desselben Jahres der Rohbau vollständig in der Fassade bis im 85. Geschoß geschlossen war. Auch der als Luftschiff-Ankerplatz vorgesehene Stahlturm stand bereits: Eine Ingenieurleistung ersten Ranges auf dem Gebiet der Konstruktion und des Baustellenablaufs sowie der Arbeitsvorbereitung!

Noch einmal, nach dem Ende des Zweiten Weltkriegs, stand das Bauingenieurwesen hoch im Kurs. Seine Leistungen auf technischem Gebiet waren insgesamt wohl bedeutender als die der Architekten zu dieser Zeit. Zerstörtes musste beseitigt oder erneuert werden. Neues kam hinzu, in einem Umfang, ähnlich dem Bauboom ein Jahrhundert zuvor. Es wurden unzählige Brücken, Türme, Hochbauten, Hallen, Industrieanlagen geplant, konstruiert, gebaut. Die Einfälle, Ideen sprudelten nur so bei der Entwicklung neuer Bauverfahren, stets war es das Ziel, wirtschaftliche Lösungen zu finden (Spannverfahren, Taktschiebeverfahren, Freivorbau usw. usw.). In den fünfziger und sechziger Jahren stand die Bauindustrie an erster Stelle. Das Bauingenieurstudium war sehr gefragt. Es war in seinen Lehrangeboten jedoch nahezu unverändert gegenüber den Jahrzehnten davor geblieben. Der Spannbetonbau, vertiefte Erkenntnisse auf dem Gebiet der Stabilität vor allem für den Stahlbau (DIN 4114), verbesserte Berechnungsverfahren in der Statik kamen hinzu; globale oder gesplittete Sicherheitsbeiwerte wurden bereits diskutiert; nach wie vor blieb jedoch die Berechnung der Konstruktionen, angewendet auf völlig abstrahierte Systeme ohne Fleisch und Blut, bevorzugt. Es macht allerdings Spaß, Fachaufsätze über die praktisch-theoretischen Ansätze oder die Bauausführung aus dieser Zeit nachzulesen: Überwiegend einfach und klar, mechanisch verständlich behandelten sie auch heute noch gültige Fragen und Aufgaben wie Risssicherheit, Stabilität im Betonbau, Schub, wasserundurchlässige Betone usw. Heute stehen wir vor einer ähnlichen, umfangreichen Bauaufgabe. Hüten wir uns, in Fehler der Nachkriegszeit zu verfallen.

Die beginnende „Spaltung" Die Theorie hat sich stets aus offenen Fragen in der Alltagspraxis entwickelt. Befriedigten vorhandene oder der jeweiligen speziellen Aufgabe angepasste Verfahren das keinen Halt duldende laufende Projekt wenig, so gelangten die Fragestellungen an die Technischen Hochschulen. Sie trugen zu Ausbau und Verbesserung der Erkenntnisse Bedeutendes bei. Im Laufe der Jahre verlor die wissenschaftliche Bearbeitung allerdings vielfach die Rückkopplung zur Praxis und entwickelte ein Eigenleben, wovon viele Abschnitte u.a. in den Normen zeugen. Die Zunahme an Detailanforderungen, die nicht unbedingt gleichzusetzen sind mit verbesserten Erkenntnissen für das tägliche Arbeiten, sondern oft Ballast aus nutzlosen Informationen darstellen, belasten unsere tägliche Arbeit immer mehr. Die Aufblähung dieser Detailinformationen wirkt heute wie ein Keil: Er spaltet unseren Beruf und denaturiert ihn, d.h. er wird durch bestimmte Zusätze für den ursprünglichen Zweck unbrauchbar; dieser Zweck ist: mit Intuition auf der Grundlage ständig verbesserter wissenschaftlicher Durchdringung und praktischer Erfahrung wirtschaftlich und sicher zu bauen.

Einer dieser Zusätze ist die überbetonte Berechnung. Sie ist ein wichtiger, jedoch nicht der wichtigste Teil unserer Arbeit. Vorangehen muss der konstruktive Entwurf: Das Sammeln und Führen von Kräften, die Gestaltung ihrer Bahnen; d.h. konstruktives Gestalten und Konstruieren und vor allem ausführungsgerechte planerische Darstellung für die Baustelle. Das Aufsuchen wirtschaftlicher Lösungen muss hinzukommen. Eines aber gilt besonders: Baustelle und Tragwerksplanung gehören zusammen; es ist tödlich, wenn sie sich auseinanderleben.

Der „Statiker" Man kann sich in dem sehr eng begrenzten Bereich der Berechnung häuslich einrichten. Alles ist so schön geordnet; fast wie die Rezepte „Man nehme..." liegen Leitfäden vor uns. Sie führen uns, ständig blätternd, von Abschnitt zu Abschnitt, von Nachweis zu Nachweis, lassen uns häufig im Unklaren über deren Sinn, denn Erläuterungen und Kommentare mit Darstellung der Hintergründe gibt es äußerst selten. (Sie würden außerdem offenbaren, zu welchen Kompromissen die Ausschüsse in dieser „exakten" Wissenschaft oft gegriffen haben. Die Anwender sind gehalten, nach diesen „Erkenntnissen" zu arbeiten; viele von uns halten die so geführte Bemessung und Berechnung für die einzige Wahrheit.)

Bild 1 Spreizung von n für gängige Tragelemente

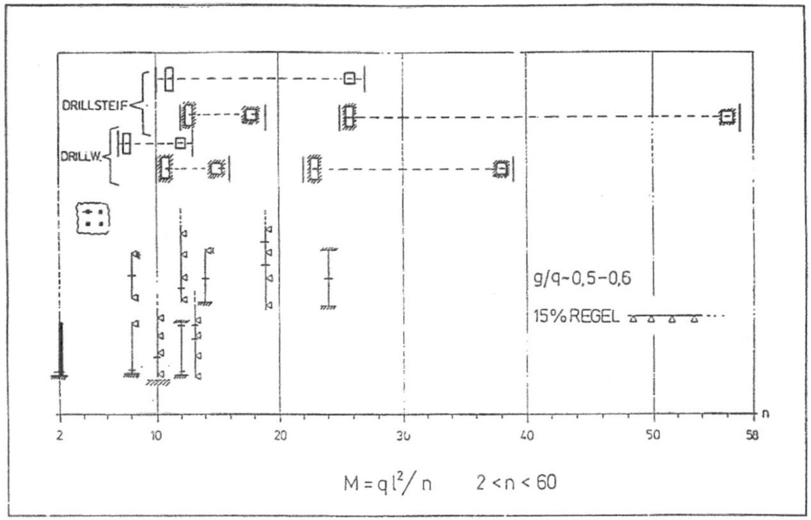

Wirft eine Bauaufgabe unbekannte Probleme auf, so ist man verärgert, diese nicht vorgelöst und aufbereitet nachschlagen zu können. Die Folge ist auch aus unseren Reihen der Ruf nach noch mehr Regelung. Statt eigene Aufarbeitung bei schwierigen Aufgaben anzustreben, untermauert durch beigezogene Literatur über theoretische Untersuchungen, Versuche o. ä., mit dem befriedigenden Ergebnis, die Lösung selbst gefunden zu haben, wird irgend eine konstruktive oder rechnerische Annahme eingeführt, die häufig mit der Wirklichkeit wenig oder nichts zu tun hat. Hauptsache, das Problem ist zunächst vom Tisch. Die Hauptsache ist: Unsere (technische) Phantasie ist gefragt!

Wer nur das Notwendigste erarbeitet, sich die Tragsysteme vom Architekten vorsetzen lässt, statt sich auf die Suche nach geeigneten Konstruktionen zu machen, wem die Werkstoffe ein Berufsleben lang nahezu fremd bleiben, wen die Zusammenhänge wie mitwirkende Bereiche, Lastausbreitung, Lastverteilung oder Lastansätze, usw. usw. nicht weiter interessieren, wer aus Mangel an Verständnis für die physikalisch-mechanischen Zusammenhänge seine eigenen Computerausdrucke nicht mehr interpretieren kann, der bleibt ein Berufsleben lang ein „Statiker". Den größten Teil seiner Arbeitskraft (mit und ohne Computer) widmet er dem Bestimmen eines „exakten" n in der „baustatischen Weltenformel" ql^2/n. Bild 1 zeigt, dass für n zwischen 2 und 30 weitgehend alles beschrieben wird, was an Platten- und Balkenbiegung in unseren alltäglichen Konstruktionen geschieht. Ist das nicht etwas wenig?

Ich möchte bezweifeln, dass ein solcher „Statiker“ seinen Titel voll ausfüllt oder verdient, ist doch Statik die Lehre vom Gleichgewicht der Kräfte, die Lehre von den ruhenden Kräften. Das Gleichgewicht ist nicht immer erfüllt, vor allem dann nicht, wenn es begrifflich weiter gefasst wird. Dieses Gleichgewicht muss u. a. vorhanden sein im Gespräch mit Bauherren, Architekten, ausführenden Firmen. Die subalterne Willfährigkeit des ausschließlich Berechnung Liefernden, seine Sprachlosigkeit beim Erklären konstruktiver Notwendigkeiten und das häufig als Vorzug herausgestellte Unvermögen, in einem Entwurfsvorgang eine Leistung mit einem geistigen Hintergrund anzuerkennen, haben unseren Beruf in Verruf gebracht. In dieser Weise dargestellt, erweckt er den Eindruck, keinerlei Kreativität mehr zu besitzen oder einzufordern, alles sei einem strengen deterministischen Ablauf unterworfen, alles sei geregelt. Ist dies so?

Der Tragwerksplaner Sicher ist es nicht so! Wenn wir die nächste Stufe unserer Berufsbezeichnung näher betrachten, die uns die Honorarordnung als Klassifizierung zugesteht, den Tragwerksplaner, sieht es schon besser aus. Hier ist es neben der meist nur widerstrebend vergüteten Phase 1 in Phase 2 der Abschnitt über das Mitwirken beim Erarbeiten eines Planungskonzeptes, ... mit skizzenhafter Klärung der Baustoffe, Bauarten und Herstellungsverfahren, Konstruktionsraster und Gründungsart ..., der den Tragwerksplaner zum konstruktiven Entwerfen auffordert und ihm dafür auch Honorar zugesteht (ob diese Teilleistung genügt, sei hier nicht weiter diskutiert).

Jetzt gerät der Tragwerksplaner jedoch in andere Schwierigkeiten. Viel zu häufig wird versucht, Honorare nicht zu verhandeln, sondern sie zu drücken. Wenn Bauherren anstreben, nur die Phasen 4 und 5 (der HOAI §64) zu bezahlen, so ist dies der verkappte (unzulässige) Versuch, Preisnachlässe zu erzwingen. Viele von uns meinen, darauf einsteigen zu müssen, um Kundschaft und Arbeit zu sichern. Es ist keine Kartellabsprache, sondern kollegiales Bemühen um einen Berufsstand und um fachliche Qualität, wenn sich hier die Fronten auch unter konkurrierenden Büros enger schließen. Wer einmal mit solchen Geschäften beginnt, kommt kaum aus diesem Tief heraus: Man traut ihm qualifizierte Arbeit nicht zu; er hat sich auf eine dementsprechende Klientel eingelassen; am schlimmsten aber: Er lernt es nie, „dickere Bretter“ zu bohren und mit der daraus gewonnenen Erfahrung künftig schwierigere Aufgaben abzuwickeln.

Es gehört Zivilcourage und Überzeugungskraft des Beratenden Ingenieurs dazu, die Notwendigkeit der vollen Leistung und der dafür vorgesehenen Honorierung verständlich zu machen und durchzusetzen. Allerdings muss er fähig und willens sein, diese Leistungen zu erbringen. Ein nicht zu unterschätzender Teil von „Statikern“ will es gar nicht. Oft klagen Bauherr und Architekt, nicht ungerechtfertigt, über die Unwilligkeit vieler Ingenieure, mehr als das Notwendigste zu tun. Sie klagen auch über Einfallslosigkeit und mangelnde Phantasie. Dies wird von uns nicht gern gehört, aber es ist Tatsache. Hier, so meine ich, sind wir alle gefordert, gleichgültig, ob wir kleine oder große Projekte abwickeln.

Auf zwei Dinge möchte ich kurz hinweisen: Mit dem Einsatz der Computer allein ist es nicht getan, wie oben bereits dargelegt. Wenn wir Ingenieure aber immer mehr darauf abheben, dass alles voll über EDV abläuft, inklusive der eingearbeiteten Normen, und selbst das Denken im Entwurfsvorfeld dorthin delegiert wird, dann müssen wir uns nicht wundern, wenn wir eines Tages eine Verdingungsordnung für Planungsleistungen haben. Wie wollen wir, wenn wir eine derartige „Mechanisierung" unserer Arbeit für erstrebenswert halten, erreichen, dass unsere geistige Tätigkeit anerkannt wird und uns nicht unterstellt wird, in etwas anderer Form Brötchen oder Autos zu produzieren? Nicht wenige Bürokraten, denen Kreativität ein Schrecken in ihren verstaubten Amtszimmern ist, würden uns gerne dorthin bringen. Sie glauben, alles zählen und messen zu können, auch das Nachdenken! Und sie halten dies für einen Weg zur gerechten, richtigen und angemessenen Honorierung.

Und das ist das zweite: Die Aufsplitterung in immer winzigere Detailpunkte in der HOAI (wie in der GOÄ der Ärzte) ist bereits der Weg in eine Verdingungsordnung für Leistungen. In Vertragsverhandlungen streichen oft öffentliche Auftraggeber (aber nicht nur diese) halbe und ganze Punkte in einzelnen Leistungsphasen mit der Begründung heraus, bestimmte Teil-Teil-Leistungen würden nicht verlangt (z. B. Verhandlung mit Behörden usw.). Aber sie nehmen ungerührt Leistungen entgegen, für die keine Punkte der HOAI ausgewiesen sind, mit der dann anmaßenden Begründung, das sei im gegebenen Falle erforderlich aber nicht vergütbar. (Der Hinweis, dann Besondere Leistungen zu vereinbaren, führt meist zu einem Stillstand im Gespräch.) Verlangen wir stets Gesprächspartner oder mindestens „Beisitzer" in Vertragsverhandlungen, die etwas vom Planen und Bauen verstehen, solche also, welche die Arbeit kennen.

Wir sollten stets nach der Maxime vorgehen: Alle Beteiligten an einem Projekt rudern gemeinsam in einem Boot zu einem gemeinsamen Ziel: dem Bauwerk. VOB, HOAI und sonstige Regelungen und Verfügungen sollten uns untereinander nicht zu Feinden machen; so erreicht man kein Ziel.

Eine selbstverständliche, nicht nur anzustrebende, sondern tatsächlich vorgegebene und von uns in jedem Fall auszufüllende Position ist somit die der Tragwerksplanung. Die HOAI gibt wie eine Norm Mindestforderungen vor und beschreibt mit den Leistungsphasen das, was im Normalfall für eine technisch zutreffende, die Gebrauchsdauer und Tauglichkeit des Bauwerks ermöglichende Planung notwendig ist. Somit haben wir auf die Beauftragung nicht nur der Statik, sondern aller übrigen Leistungen als bauingenieurgemäße Mindestforderung zur befriedigenden Lösung der jeweiligen Bauaufgabe ein Anrecht. Und natürlich die Pflicht zur vollen Erfüllung! Das bedeutet im Umkehrschluss: Erst durch eine gewisse Selbstentmündigung, durch Aufgabe und Beschränkung beruflicher Freiheit und

Arbeit, durch Sprachlosigkeit, mit dem Rückzug auf den „Statiker“ haben wir selbst die Schwierigkeiten mit unserem Ansehen mit geschaffen.

Der „Bauingenieur“ Genügt dies alles? Genügt es, eine gute Berechnung und brauchbare Ausführungszeichnungen für wirtschaftliche, den gestellten Anforderungen genügende Tragwerke zu erarbeiten? Genügt es künftig, nur Tragwerksplanung zu betreiben, d. h. aus dem Ganzen die Konstruktion für sich isoliert, allerdings im größeren Rahmen abzuhandeln, ohne über den Rand in benachbarte Gebiete hineinzuschauen? Ist der Eindruck falsch, unser Beruf als konstruktiver Bauingenieur sei erstarrt, gelenkt von Anfang bis Ende durch Vorschriften, Erlasse, Regeln und die Statik, die insgesamt wenig Kreativität zuließen? Fehlt unserem Beruf nicht etwas davon, was wir vielen Architekten, obwohl wir uns so gern auf die „Logik der Statik“ abstützen, neiden: das Koordinieren, das Denken in größeren Zusammenhängen, das Generalist-Sein? Erschreckt es uns nicht, dass häufig ein Architekt oder gar ein interessierter Bauherr die „dummen“ Querfragen stellt, die uns zum Nachdenken und manchmal zum Überarbeiten zwingen? Warum können wir uns nicht außerhalb unseres enger begrenzten Arbeitsbereiches, der Tragwerksplanung, postieren? Damit beginnt die Ausweitung des Tragwerkplaners zum Bauingenieur: die allgemeineren technischen Fragen zu formulieren, sie sich selbst und anderen Beteiligten zu stellen, um aus den technischen Teilantworten eine technische Gesamtantwort zu bilden. Eine Einmischung in die konstruktive Gestaltung wird uns von guten Architekten nicht verübelt. Eine kritiklose Übernahme von Vorgaben, wie Lasten, haustechnischen Trassenführungen, Baugrundbeurteilungen, Bauabläufen usw. zwingt uns zum Reagieren. Da die Konstruktion als wesentlicher Kern des Bauwerks unsere Aufgabe ist, müssen wir parallel zum Architekten und mit ihm agieren, die gesamte konstruktive Planungsentwicklung beeinflussen und steuern; es ist falsch, diese Einflussnahme nicht anzustreben oder abzulehnen. Das bedeutet natürlich Übernahme von Verantwortung. Ohne Verantwortung kein Ansehen!

Einige der für dieses Handeln erforderlichen Leistungen sind in der HOAI u. a. als Besondere Leistungen erwähnt. Aber es sind auch Leistungen, die nicht wörtlich beschrieben sind, deren Notwendigkeit wir herausarbeiten müssen, da sie nicht ohne weiteres vergütbar sind. Wir müssen die Ausfüllung dieser Position anstreben, damit sie zur Selbstverständlichkeit wird wie die „Statik“. Es ist unserem Beruf abträglich, wenn wir uns nur auf diesen schmalen Sektor zusammenpressen lassen.

Die Entwicklung: Wohin? Immer komplexer werdende Anforderungen und Zusammenhänge erfordern technisch ausreichend vorgebildete und ausgebildete (Bau-)Ingenieure. Wir sollten diesen Begriff weiter fassen und von einer notwendigen technischen Bildung sprechen. Sie muss sich auf geisteswissenschaftliche, juristische und ästhetische

Bereiche mit erstrecken. Wir können und müssen uns als Bauingenieure zu Beratern z. B. auch für die Vorbereitung von politischen Entscheidungen zu technischen Fragen (z.B. Umwelt, Verkehrswesen) qualifizieren. Hier werden wir ebenfalls verantwortungsvollem Handeln häufig nicht ausweichen können. Dies ist eine bisher von den Ingenieurverbänden wenig wahrgenommene Aufgabe; es wird sich hoffentlich mit der Einführung der Ingenieurkammern ändern. Es bleibt zu beklagen, dass die Scheu vor „politischen" Äußerungen fast unüberwindbar ist. Wenn man uns nicht fragt, so haben wir doch die Pflicht, uns einzumischen, unsere Sicht darzulegen. Wenn es (Bau-)Ingenieure in Fragen der Bautechnik, ihrer Entwicklung und Auswirkung nicht tun, wer dann? Das ist das Spiel in einer pluralistischen, demokratischen Gesellschaft. Andere Mitspieler, z. B. die Juristen, sind nur scheinbar weniger Fachidioten als wir: Sie haben den Vorzug, die Fragen unbeschwerter in allgemeiner Formulierung stellen zu können. Das müssen wir lernen auf technischem Gebiet.

Hieran können wir nicht vorbeigehen und ständig nur bejammern, dass uns niemand zur Kenntnis nimmt. In seiner Einleitung zur soziologischen Untersuchung „Das Gesellschaftsbild des Ingenieurs – zum politischen Verständnis der technischen Intelligenz in Deutschland" schreibt *Hortleder* 1970 zutreffend: „Die Abstinenz der Soziologie gegenüber dem Ingenieur spiegelt nur die Rolle wider, die dieser Beruf im Bewusstsein unserer Gesellschaft bis vor nicht allzu langer Zeit gespielt hat; sie ist ein Ausdruck der Unfähigkeit des Ingenieurs und seiner Interessenverbände, die eigene Position und spezifischen Interessen in dieser Gesellschaft zu erkennen und sie wirkungsvoll zu artikulieren". Dem ist nichts hinzuzufügen, seit 1970 hat sich auf diesem Bereich wenig verändert. Das abweisende, abwertende Beurteilen der Auswirkungen der (Bau-)Technik durch die von uns mitgebildete Gesellschaft kommt nicht von ungefähr. Um es polemisch zu sagen: Wir planen und ermöglichen Bauen tatsächlich oft, ohne nach dem Sinn für und der Auswirkung auf uns und unsere Mitmenschen oder die Umwelt zu fragen. Es muss nachdenklich stimmen, wenn unter uns, geschweige denn mit der Öffentlichkeit, kein Gespräch, keine Debatte z. B. über geplante, in der Ausführung stehende oder ausgeführte Bauwerke möglich ist. Wäre über die bautechnische Sicherheit der Kernkraftwerke nicht in unverständlichen Formulierungen geredet worden, sondern in allgemein verständlicher Sprache, so wäre mancher Streit anders abgelaufen. Es ist doch einleuchtend: Ein Nichtfachmann misstraut den Ausführungen des Spezialisten über nicht Sichtbares wie z.B. die „Sicherheit"; er nimmt ihr Rotwelsch für Verschleierung.

Bei dem beschriebenen Vorgehen verlassen wir den „deterministisch-statischen" Prozess und wir befürchten, damit uns selbst in Frage zu stellen, also das Fundament zu entziehen, auf dem wir so sicher (?) stehen. Wir kommen an solchen Fragen jedoch nicht vorbei und ohne sie nicht weiter. Die Welt hat sich gewandelt und damit die Berufsbilder. Der „Statiker" war einmal ein lebensfähiges Einzelteil, dies dürfte bereits heute oder in kurzer Zeit nicht mehr möglich sein. Der Statiker für sich ist ein kleines Rad im „System Tragwerksplanung“. Der Tragwerksplaner aber muss künftig weiträumiger und nicht mehr linear denken, um der Berufsbezeichnung „Ingenieur für das Bauen“ näherzukommen.

Wir müssen uns weiterentwickeln im oben erläuterten Sinne, um im EG-Raum unsere Position zu finden oder um zu überleben. Es wird im künftigen Wettbewerb kaum eine Möglichkeit für Statik-Nischen geben. Wer als ausschließlich selbständiger „Statiker“ überleben will, hat auch heute bereits Schwierigkeiten: Er wird als winzigstes Rädchen im großen Mechanismus einer Bauplanung kaum noch so geschätzt, wie es seiner Arbeit zukommt. Und der konstruktive Normendschungel gaukelt eine Bedeutungsschwere vor, die es gar nie gegeben hat; dieser Urwald wird von vielen Leuten bepflanzt, die dem Bauen als Ganzes oft fremd und ängstlich gegenüberstehen.

In Bild 2 sind einige Wünsche für den Übergang vom blutleeren Statiker über den fachlich kompetenten Tragwerksplaner zum Bauingenieur eingetragen; sicher fehlt vieles. Verlassen wir mit unserem Handeln den „Statiker“, werden wir freier, werden wir mündig. Wir haben einen Beruf, um dessen Vielseitigkeit uns sicher heute viele beneiden, immer noch.

Bevor wir auf alles und jedes schimpfen, müssen wir unsere eigenen Schwächen erkennen und, so weit wie möglich, beseitigen.

Bild 2 Teile eines Wunschbildes über den Bauingenieur

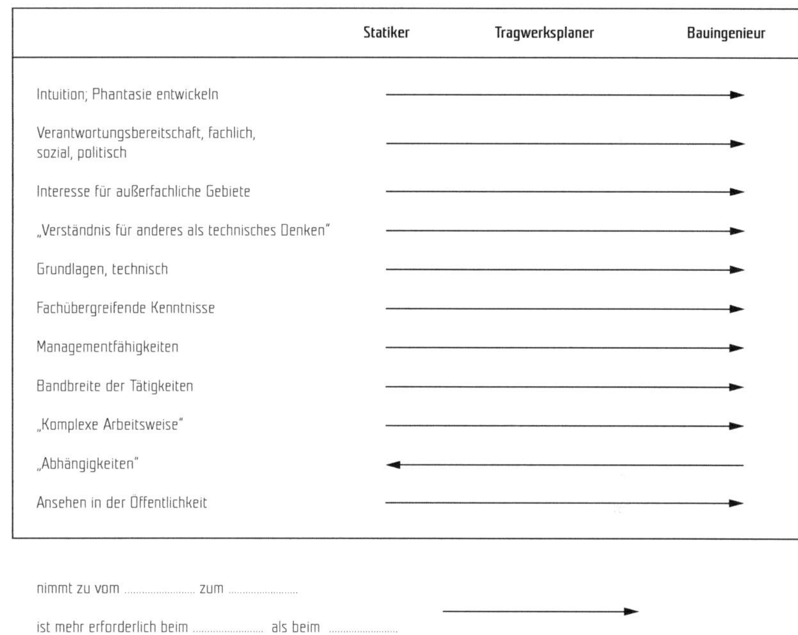

Bauingenieur – (k)eine Zukunft?!

Festrede anlässlich des Dies academicus am 28. Juni 2000 an der Universität Essen

Meinen Dank für die Einladung zu diesem Vortrag. Ich möchte über einen alten und doch ewig jungen Beruf in Ausschnitten erzählen, nicht streng referieren. Die Begründung für „erzählen" will ich später geben.

Die Sicht auf den eigenen Beruf, den man sehr gut zu kennen glaubt, ist von Vielem beeinflusst, unter anderem von den persönlichen Neigungen, von der eigenen Entwicklung und den dabei gemachten Erfahrungen, vom Erhofften, Erwarteten und Erreichten, also auch vom Alter. Der Blick wird geschärft durch die Arbeit als verwaltender, angestellter, selbständiger und lehrender, als beratender, bauleitender und entwerfender oder gutachtender und prüfender Ingenieur. Mein Blickwinkel ist der aus dreieinhalb Jahrzehnten selbständiger, beratender und prüfender Tätigkeit und aus einem viertel Jahrhundert Arbeit als Schriftleiter von *Beton- und Stahlbetonbau*. Das heißt: Ich erzähle vom Alltag.

Auf einer Tagung äußerten sich Teilnehmer aus dem Bereich Technikphilosophie und Wissenschaftsforschung skeptisch über die künftige Bedeutung des Bauingenieur-Berufes. In viel hellerem Licht standen Informatik, Automobilbau, Robotertechnik und anderes.

Das ist verständlich: Unsere Lebenswelt wird seit kurzem geprägt vom Computer und vom Internet und von den darin enthaltenen oder erhofften Möglichkeiten. Es ist wieder eine die Menschen berauschende und verwirrende, doch auch ängstigende Entwicklung, ähnlich der vor etwa zweihundert Jahren: Die Industrialisierung begann; schienengebundene Pferdebahnen und die Eisenbahnen machten die Welt kleiner mit den in immer kürzerer Zeit überwundenen Wegstrecken. Diese neue Zeit schuf neben anderem die Verkehrsnetze, die großartigen Brücken- und Tunnelbauwerke, die Maschinenhallen, die Türme, welche die Menschen begeisterten, sie an eine großartige Zukunft glauben ließen trotz der entstehenden sozialen Probleme. Sie ließ den Technikphilosophen *Friedrich Dessauer* sagen: „Der Durchschnitt der Menschheit steigt im selben Maße in seiner geisteskulturellen Höhe wie die Technik wächst ... Der Ingenieur ist der größte Freund der Kultur." Wir hören heute Ähnliches, an die neue Technik Angepasstes. Die Erwartungen in jener für uns so fernen Zeit werden verständlich, wenn wir zeitgenössische Bilder mit riesigen Brücken für die Überwindung des Kanals zwischen dem Festland und England oder vom Bau des Panamakanals (1886 bis 1914) betrachten. Als der Kanaltunnel vor wenigen Jahren endlich Wirklichkeit wurde, erregte er die Gemüter nur noch mit seinen Kostenexplosionen. Werden heute große Verkehrsbauwerke errichtet, so entfachen sie fast nur regionale, eng begrenzte Aufmerksamkeit, und die „Bildungsbeilagen" großer Zeitungen erwähnen sie, wenn überhaupt, nur kurz.

Bild 1 Zwischen 1885 und 1890 entstand die Firth-of-Forth-Brücke. Fowler und Baker hießen ihre berühmten Konstrukteure.

Unsere Leistungen und Werke sind Randnotizen; sie sind selbstverständlich geworden. Wir, weniger wir Ingenieure als die Laien, haben uns in der Flut der täglichen Informationen an Größe gewöhnt: immer höhere Hochhäuser, immer schlankere Türme, immer mehr Brücken mit immer größeren Spannweiten und Längenausdehnungen.

Alles scheint möglich zu sein, alles ist Alltag geworden, es scheint kein Abenteuer zu reizen, denn alles ist wohl auch technisch geregelt, nichts mehr gibt es zu erfinden oder zu befürchten. Es fehlen auch jene, die das von Ingenieuren Gebaute beschreiben und kritisch würdigen. Kein Ingenieur-Magazin reicht über unsere Fachkreise hinaus. So könnte unser Bild, wie es sich jungen Leuten bietet, grob vereinfacht beschrieben werden.

Das Interesse am technischen Studium sinkt, und die Akademie für Technikfolgenabschätzung in Stuttgart kommt zum Schluss, dass sich die Mehrheit der heutigen Abiturienten bei der Studien- und Berufswahl weder an gesellschaftlichen und wirtschaftlichen noch an Karrierechancen orientiere. Unbeliebt seien in der Schule die naturwissenschaftlichen Fächer; die Akademie schlägt für die Lehrpläne Physik und Chemie vor, sich von der theoretischen und mathematischen Abstraktion zu mehr Anschaulichkeit und Experimentiermöglichkeiten hin zu bewegen. Viele Jugendliche hielten sich nicht für technikfeindlich, der Beruf solle auch Spaß machen. Diese Feststellungen decken sich mit dem Ergebnis einer vor Jahren in der Fachzeitschrift *Schweizer Ingenieur und Architekt* veröffentlichten Befragung von Schweizer Maturanden, dass – nun sind wir wieder in unserem Beruf – es sich kaum lohne, Bauingenieur zu werden, da alles geregelt, das heißt über Normen behandelt und damit viel zu festgeschrieben sei, der Beruf somit zu wenig Herausforderung biete.

Jeder Beruf hat seine Wellenbewegungen, Forschungsfelder gewinnen an Bedeutung und werden dann verlassen. Im konstruktiven Bauingenieurwesen verlief es seit dem Zweiten Weltkrieg etwa so: Berechnungsverfahren, Verbund aus Stahl und Beton, Tragfähigkeit von auf Biegung beanspruchten Konstruktionen und ihr Bruchverhalten, Schub im Betonbau und Plastizität im Stahlbau, Stabilität, Platten und Scheiben, Rissuntersuchungen als Beitrag zur Gebrauchstauglichkeit und Dauerhaftigkeit und ähnliches sind in vielen Arbeiten abgehandelt worden. Zurzeit sind die Werkstoffe Glas und Beton mit Fasern aus Metall, Kunststoff und Textil im Blickpunkt. Wenig oder nichts in all den Jahren über Schalungen, Lehrgerüste, Montageverfahren, kaum Ingenieur-Baugeschichte, keine Lehre vom konstruktiven Entwerfen usw. – zumindest ist dies meine Beobachtung.

In letzter Zeit werden alte Themen aufgegriffen, Fragestellungen ins Mikroskopische hinein verfeinert. Es wird immer tiefer gegraben. An den Inhalten der Fachzeitschriften ist es festzustellen. Ingenieure aus der Praxis steuern kaum noch Beiträge bei, aus Angst, als unwissenschaftlich belächelt zu werden, doch auch, weil Theorie und Praxis immer weiter auseinander streben. Man lese die Besprechungen von praxisnah gehaltenen Büchern, in denen Rezensenten nicht selten für die Alltagsarbeit bedeutungslos bleibende Feinheiten anmahnen, nur weil sie auf einem schmalen Spezialgebiet geforscht haben. Manche Ergebnisse aus der Grundlagenforschung sind für die Bau-Praxis als Information gerade noch akzeptabel. Schlimmer jedoch ist es, dass viele dieser Untersuchungsergebnisse um jeden Preis in die Normen eingebracht werden, die sich dadurch theorielastig und lehrbuchartig aufblähen, ohne allerdings zum Verstehen beizutragen, und – ganz nebenbei – zu einem immer größeren Betätigungsfeld für Juristen werden. Es werden immer seltener Handbücher verfasst; der Inhalt sei zu schnell veraltet, heißt es. Diese Feststellung war immer schon zutreffend und ist doch falsch. Wie sehr wünschte sich unsereins gut geschriebene, mit erläuterndem Text angereicherte Fachbücher, wie sie früher gang und gäbe waren.

Doch will ich vor Ihnen nicht das Schimpfen auf die Normen wieder aufnehmen oder weiterüben; sinnvoll ausgefüllte Normen sind notwendig. Es sei aber auf eine Auswirkung hingewiesen, die nicht ausreichend bedacht wird. Zunächst: Der Bauingenieur muss das Ganze sehen – wie ein Mediziner, der – um zutreffend zu diagnostizieren – den ganzen Menschen im Blick haben muss. Der Bauingenieur muss von der Idee, vom Bild im Kopf, dann von der zunächst mehr oder weniger grob entworfenen Gesamtkonzeption ausgehen und in immer kleineren Schritten zu den Einzeluntersuchungen vordringen und in Schleifen von vorn beginnen, bis alles aufeinander abgestimmt ist. Er lernt dies nicht in seinem Studium, wo überwiegend das abstrakte, vorgegebene System und das zu berechnende Detail im Vordergrund stehen. Sehr viel später erst wird er feststellen, dass das Ganze nicht zwangsläufig richtig sein muss, wenn seine Teile normgemäß ausgelegt sind.

Nun sind unsere wichtigsten Normen für das Bauen in Elemente zerlegt worden. Es ist wie unter einem scharfen Mikroskop: Wir sehen nicht mehr das Ganze abgebildet, auch nicht mehr größere Teile davon, sondern nur noch Details von kleinen Teilen, deren Berechnung und Bemessung in diesen Normen-Scheibchen geregelt sind. Gespür und Blick für das Ganze gehen verloren. Es entsteht Diskontinuität im Erfassen und Auffassen von Einheiten, von Ganzheiten. *Max Picard* hat um 1946 in seinem Buch „Hitler in uns selbst“, das ich als junger Student gelesen habe, auf diese Zerstückelung von Nachrichten, von Informationen im Zusammenhang mit der damit möglichen politischen Beeinflussbarkeit des Menschen – sicher nicht erstmals doch eindringlich – hingewiesen. Diese Zerstückelung trübe den Blick auf das Ganze, der Mensch werde manipulierbar.

Ähnliches bewirken die überregelnden Normen; sie machen uns zu Geführten, und unsere Arbeit wird unstetig, diskontinuierlich. Die Kontinuität jedoch ist das Ganze. Um in der Sprache des Bauingenieurs zu bleiben: Ein Kontinuum ist ein zusammenhängendes Tragsystem, das eine Krafteinwirkung an der einen Stelle in seiner Auswirkung an anderer Stelle verspüren lässt. Es ist eine Vernetzung, ein Zusammenhang wie in einem gesunden Nervensystem; zu enge Regelungen oder Vorgaben unterbrechen es.

Diese Diskontinuität und das auf kleine Felder begrenzte Spezialwissen sind mit ein Grund dafür, dass wir Ingenieure uns so wenig ins rechte Licht setzen können und wollen. Ja: auch wollen! Es ist einfacher, über ein Detail, das man zu beherrschen glaubt, zu sprechen als über das aus diesen Teilen gebildete Ganze. Deutlich ist dies in der nun schon viele Jahre andauernden Arbeit an den europäischen Bau-Normen festzustellen. Es werden immer mehr Feinheiten, zum Teil technische Lächerlichkeiten, in die Papiere aufgenommen, die sich damit zu nicht mehr handhabbaren Regelwerken auswachsen. Es wird vergessen, dass wir nur Prototypen bauen und keine Serien, in denen die feinen Verbesserungen systematisch mit ihren Auswirkungen verfolgt werden könnten. Wir sammeln die notwendigen Erfahrungen – wie eh und je – von Bauwerk zu Bauwerk, von denen keines dem anderen gleicht. Bauen ist auch Handwerk geblieben, also Erfahrung und nochmals Erfahrung. Kann man sie durch verästelte Regelungen mit überfeinerter Theorie vermitteln oder ersetzen? Kaum! Bauingenieure sollen auch kreativ sein. Nehmen wir als Beispiel das Entwerfen von Brücken. Die Vorlesungen hierüber behandeln Berechnungsverfahren, konstruktive Details wie die Ableitung des Oberflächenwassers, die Ausbildung der Kappen und die Befestigung der Geländer, die Fahrbahnübergänge und Lager; das ist notwendig.

Die Formgebung als Antwort auf die Landschaft und die unmittelbare Umgebung wird nicht oder selten geübt. Eine Analyse der Form bestehender Brücken über das speziell Technische hinaus unterbleibt, wir pflegen keine Konstruktionskritik. Ändern werden wir dies nur, wenn wir uns an ausgeführten Bauwerken reiben, sie kritisch untersuchen, nicht mit Blick auf die Berechnung sondern mit Hin-Blick auf die Form.

Ist nicht doch die vielgeübte Kritik zutreffend, wir seien nicht in der Lage zu gestalten, ästhetische Anforderungen zu formulieren und zu erfüllen? Sie stimmt nicht! Dem steht die Masse des Gebauten im Alltag entgegen. Wer durch die Wohn- und Industriebezirke oder die Innenstädte geht und diese unvoreingenommen mit den zahlreichen, zeitgleich errichteten Verkehrsbauwerken vergleicht, wird nicht zufrieden sein. Mittelmäßigkeit überwiegt. Lassen wir uns nicht von den Feuilletons und den Beiträgen in Architekturzeitschriften täuschen: Sie beschreiben einige wenige bauliche Höhepunkte und erwecken damit den Eindruck, es handle sich um ein allgemein vorhandenes hohes Niveau. Andererseits lesen wir selten über gut gelungene Werke der Ingenieure. Wir selbst schreiben darüber nicht, finden auch keinen Eingang in die Kolumnen. Außerdem sind die

Bild 2 Ein Bogenteil schwingt über zum nächsten, es entsteht der Eindruck von Spannung – 1999 gebaute Eisenbahnbrücke über den Rhein.

Kriterien einer Konstruktionskritik etwas anders gelagert als die der Architekturkritik im hergebrachten Sinne: Gestaltet der Architekt den Raum, so gibt der Ingenieur den Kräften Wege vor. Der Kunsthistoriker *Alfred Gotthold Meyer* schrieb 1907 knapp: „Eisenbauten sind die Verkörperung des abstrakt als notwendig Erkannten". *Arthur Vierendeel*, ein großer belgischer Bauingenieur, könnte für die Ergänzung dieses Satzes herangezogen werden: „Le rationel qui n'est pas beau, n'est pas le rationel complet." – Das Rationale, das nicht schön ist, ist nicht vollständig.

Ein Beispiel soll verdeutlichen: Bei hintereinander geschalteten Bögen entsteht der Eindruck von Einzelbauwerken, also Diskontinuität. Denn das Auge steigt auf und gleitet zum Mittelpfeiler ab, steigt wieder auf und folgt dem zweiten Bogen wieder hinab usw.

Bei einer 1999 in Deutschland fertiggestellten dreifeldrigen Eisenbahnbrücke fächern sich ihre drei Bögen über den Mittelpfeilern auf und vermeiden damit die diskontinuierliche Form. Ein Bogenteil schwingt über zum nächsten, der geknickte Gegenbogen mit dem Pfosten vermittelt den Eindruck von Spannung, wie sie hier tatsächlich auftritt. Die drei Bögen sind kontinuierlich zu einem Ganzen vereint. Ihre polygonale Form ist die Antwort auf die Hängerabstände, die große Einzellasten in den Bogen einbringen. Nur ein Seil mit eng gehängter Last ist gerundet, ähnlich einem Kessel unter Innendruck; Einzellasten in größeren Abständen erzeugen Knicke im Seil. Ein dünner Stabbogen ist die Umkehrung eines solchen Seils.

Beim Blick auf das Ganze muss der Bauingenieur sich frei machen von der spezialisierten Betrachtung des Details. Er soll Kraft, technische Funktion und Form als Einheit sehen und dies durch die Konstruktion ausdrücken. Dazu muss er eine klare Vorstellung von seiner Arbeit haben. Berechnen und Bemessen sind notwendige Handlungen, um das Gebaute zuverlässig und sicher nutzbar zu machen. Das ist der eine Baustein. Die Kräfte sammeln, bündeln und führen, also Form suchen, ist die übergeordnete, vorangehende Handlung. Erst wenn über das Ganze Klarheit herrscht, kann eine überzeugende *logische* Form entstehen. Daraus folgt ohne weiteres, dass einfache Berechnungen die Formsuche begleiten müssen, um Irrwege in der Kraftführung zu vermeiden. Festzustellen ist, dass in Gemeinschaft mit Architekten entworfene Objekte deutlich erkennen lassen, ob der Beitrag des Ingenieurs beachtenswert ist oder ob er sich auf die Zulieferung der rechnerischen Nachweise beschränkt hat.

Seit Ingenieurbauwerke errichtet werden, also seit gut zweihundert Jahren, wirft man den Bauingenieuren vor, nicht empfindsam genug und für die Formfragen blind zu sein. *Eiffel* musste dagegen ankämpfen, denn sein Turm wurde geschmäht von Künstlern und Architekten seiner Zeit, es hagelte Verdammungsurteile und Beschimpfungen. Inzwischen wird er ebenso wie *Fritz Leonhardt* – Stuttgarter Fernsehturm – als Architekt apostrophiert – oder geadelt? Der Geschmack oder das Wissen um die Ingenieurästhetik haben sich geändert, Ingenieurbauwerke sind nach großen anfänglichen Schwierigkeiten salonfähig geworden. Doch: „Wie am ersten Tag fasziniert dieses Wunderwerk – der Eiffelturm – als logistische, konstruktive und letzten Endes auch ästhetische Meisterleistung. Sie war von den genialen Ingenieuren in *Gustave Eiffels* Architekturbüro entwickelt worden“, hat *Wolfgang Pehnt* in der FAZ vom 2. Mai 2000 geschrieben. Die genialen Ingenieure als Diener im Architekturbüro? Wunschtraum oder Realität?

Schon *Nördling* hat sich als Ingenieur der Orléans-Eisenbahngesellschaft noch vor *Eiffel* gegen den Vorwurf gewehrt, seine Eisenbahnbrücken seien von einem „schottischen“ – also vom Sparen besessenen Ingenieur – entworfen worden. Heute ist seine Brücke von Busseau (1864) mit den erstmals aufgelösten Fachwerkpfeilern ein hervorragendes Beispiel für die frühe Ingenieurbaukunst.

Die Beispiele lassen sich fortführen bis zur letzten Panne in London: Als ein Traum vom Blitz über der Themse ins Wackeln geriet, unterstellte man schnellstens den Ingenieuren Unfähigkeit, wollte jedoch bezeichnenderweise das wie so oft apodiktisch dazu erklärte *ästhetische Meisterwerk* dadurch nicht schmälern lassen. Ob es sich nicht eher um ein durchgepauktes Projekt handelte?

Nun sollen diese Ausführungen nicht als Kampfansage an Architekten verstanden werden; mein Respekt ist groß, mit vielen habe ich harmonisch zusammengearbeitet. Auch der kleiner werdende Markt und der damit verbundene Rückgang der Aufträge sollten nicht dazu verleiten, uns in einen Kleinkrieg über ästhetische oder technische Prioritäten zu verstricken.

Bild 3 Ingenieurbauwerke allgemein erträglich gestalten: Der Engelberg-Tunnel bei Stuttgart-Leonberg während der Bauphase 1995 bis 1999.

Festzuhalten ist: Auto- und Eisenbahnbrücken sind keine Fußgängerbrücken, die, wie wir gesehen haben, auch ihre Tücken haben können. Bei Bauwerken der Infrastruktur *muss* Ausgewogenheit in den ästhetischen und technischen Anforderungen angestrebt werden. Es ist nicht hinzunehmen, dass allein ästhetische Vorstellungen zum Maßstab für technische Bauwerke genommen werden. Das führt in den Ästhetizismus und zum technischen Misserfolg.

Wir sind nicht die großen, mit allen Tugenden ausgestatteten *Helden*, als die Mitte des 19., Anfang des 20. Jahrhunderts Ingenieure gern gesehen wurden und als die sie sich gern sehen ließen. Wir sind selbstverständlich geworden. Bietet daher unser Beruf weniger Anreiz? Wir brauchen guten Nachwuchs, um den wir werben müssen. Architekten stehen für Ästhetik und die Gestaltung des Lebensraums, Banken für den Fluss der Finanzströme. Die Automobilindustrie verspricht immer mehr Mobilität und Autos, die fast ohne Benzin und ohne Fahrerhilfe vorankommen können, die Informatik gilt als Grundlage für den Transport von Wissen usw. Das alles sind die Phantasie anregende und herausfordernde Aufgaben. Wofür stehen wir?
Wir gestalten die Welt, in der wir leben, mehr als wir wahrhaben wollen. Tunnels, Meeresbauwerke, Verkehrswege, Brücken, Türme, Wasserversorgung und Abwasser, Deponien, Flugplätze, Hochbauten und anderes mehr – das sind Aufgaben, die auch künftig ingenieurtechnisch und mit entwurfsfreudiger Risikobereitschaft gelöst werden müssen.

Bild 4 Dem Neuen geopfert: Die Teufelstalbrücke von 1938, davor die neue Bogenbrücke für die Richtungsfahrbahn Erfurt-Dresden.

Wir sind uns bewusst, dass wir mit unseren Projekten in viele gesellschaftliche Bereiche hineinwirken. Unser Einfluss auf Planungs- und Bauentscheidungen allerdings ist äußerst gering, da letztlich politische oder institutionelle Gruppierungen oder große Unternehmen sie fällen. Unsere Aufgabe bleibt, unsere Projekte *allgemein erträglich*, das heißt funktionsfähig, wirtschaftlich, dauerhaft und gut geformt als Werk zu erarbeiten.

Ein vielfach vernachlässigtes Arbeitsfeld soll kurz erwähnt werden: Es ist die Erhaltung und Nutzung bestehender Objekte, zum Beispiel von Brücken, Industriebauten oder Teilen davon, die ein gewisses Alter erreicht haben und die für nicht mehr zeitgemäß konstruktionssicher gehalten werden. Mit jeder Normfortschreibung stirbt ein Teil von ihnen. Es kann nicht das Ziel der *reinen* Norm sein, zum Beispiel zum Abbruch einer der schönsten Bogenbrücken Deutschlands, der Teufelstalbrücke aus dem Jahr 1938, zu führen. Regelanweisungen zur Verkehrsführung und ein für solche Fälle sicher nicht vorgesehener Norm-Abschnitt in der Betonbemessung waren das Todesurteil für die Brücke. Details, wenn auch nicht gering zu wertende, haben das Ganze besiegt. Die Frage- und Aufgabenstellung, auch darauf kommt es an, war auf neu und normgerecht ausgerichtet, sie hatte nicht energisch genug zum quälenden Nachdenken über die Nutzung des Alten im Neuen aufgefordert. Dieses Feld in unserem Beruf muss intensiver gepflegt werden. Wir müssen uns diesen Fragen mit neuen Ansätzen zuwenden. Dazu gehören Phantasie und Zivilcourage – oder besser Berufscourage? Und es gehören Stehvermögen und Überzeugungskraft dazu.

Es kommen viele Aufgaben auf uns zu, die schon wegen des Geldmangels neue Lösungsansätze fordern. Es ist völlig unverständlich, wie ein von der Technik lebendes Land seine Ingenieurkapazitäten in den (Bau-)Verwaltungen eliminiert, sich also einschränkt in seiner qualifizierten Begleitung öffentlich bezahlter Projekte und sich abhängig macht von den Überlebenschancen der Privatisierten. Warum widersprechen wir nicht laut?

Wie entdeckt man als junger Mensch einen Beruf, vielleicht seinen späteren Beruf?

Als *Max Eyths* Ingenieur-Lebensbericht „Hinter Pflug und Schraubstock", der spannend die weltweite Arbeit als Firmen-Maschineningenieur für Dampf-Pflüge beschreibt, erschienen war, haben sich in den Jahrzehnten danach nicht wenige für diesen Beruf des Maschinenbauers begeistert.

Die Abenteuer des Physikers *Richard Feynman* „Sie belieben wohl zu scherzen, Mr. Feynman" haben manchen für die Physik elektrisiert. *Simon Singh* beschreibt in „Fermats letzter Satz" den über ein Jahrzehnt andauernden Kampf des Mathematikers *Andrew Wiles* vor allem gegen sich selbst, um das klassische mathematische Problem endlich zu lösen. Diese lebensbedrohliche, gleichzeitig Leben gebende Auseinandersetzung ist packend und mitreißend beschrieben, so dass sie nicht ohne Wirkung auf junge Menschen bleiben und sie sicher für das Abenteuer Wissenschaft anregen kann.

Eugene S. Ferguson hat als Ingenieur des Maschinenbaus über „Das innere Auge – von der Kunst des Ingenieurs" geschrieben. Ein fesselnder Bericht über die Zusammenhänge von Bild und Begriff, Intuition und Rationalität in der Arbeit des Ingenieurs. Was wären wir Ingenieure, wenn es bei uns Intuition nicht gäbe! Aber wir missachten sie, halten sie für unwissenschaftlich, unterdrücken sie mit Hilfe starrer Regeln.

Erinnern wir uns an die Bücher von *W. Ceram*: „Götter, Gräber und Gelehrte" sowie „Enge Schlucht und schwarzer Berg". Ich weiß um einige, für die diese Bücher der Auslöser waren, Archäologie oder Baugeschichte zu studieren.

Die Erinnerungen von *Fritz Leonhardt* „Baumeister in einer umwälzenden Zeit", die die Freude an großen, aber ebenso an einfachen Aufgaben und ihrem Gelingen betonen, sollen hier nicht vergessen werden.

Und nochmals Architektur: Es wäre aufschlussreich zu wissen, wie viele junge Leser sich von den Architekturfeuilletons für diesen zwar überlaufenen, doch herausfordernden Beruf begeistern lassen. Für das Ingenieur-Bauen vermissen wir solche *Lesebücher*. Am Mangel an Stoff allein kann es nicht liegen!

Alle die genannten Bücher erzählen letzten Endes von der Begeisterung in und zu einem Beruf, von der Meisterung der Aufgaben und nicht selten vom Scheitern an ihnen. Sie erzählen! Das verachten wir heute unter dem Druck der strengen Wissenschaftlichkeit. *Michael Crichton*, Autor nicht nur von „Jurassic Park", sondern auch anderer Romane und Drehbücher, hat wahrlich nicht unrecht, wenn er in der FAZ vom 15. April 2000 in seinem Beitrag „Lauf, Leser, lauf schneller" über die Entwicklung und Veränderung des Erzählens feststellt, dass akademische Kreise seit einigen Jahrzehnten dem Geschichtenerzählen gegenüber eine ablehnende, abschätzige Haltung einnehmen. *Crichton* folgert: „So ist der Rückzug der akademischen Intelligenz vom Erzählen nur ein weiteres Beispiel ihrer radikalen Distanzierung von den Anliegen der gewöhnlichen Welt." Wir sollten diese Behauptung als Ingenieur-Theoretiker und als Ingenieur-Praktiker nicht lächelnd beiseiteschieben. Wir schlössen uns vom Mitteilen und Verstandenwerden noch mehr aus als bisher.

Als junger Ingenieur habe ich über die sogenannten Oberbauratsaufsätze, die Bauwerke ohne Theorieballast beschrieben, die einfach über sie berichteten, gelächelt. Als Schriftleiter habe ich mit Autoren theoretischer Abhandlungen oft um klare, einfache, verständliche Formulierungen gestritten und verzweifelt gegen den Fehlschluss angekämpft, *Hauptsache sei doch, der Inhalt stimme.*

Form und Inhalt müssen stimmen. Damit sind wir wieder beim Bauen: Es gibt viele Bauwerke, da stimmt das mühselig Hingerechnete, aber es stimmen nicht Inhalt und Gestalt, Kraftführung und Form überein. Scheinbar sind es getrennte Bereiche: Sprache und Aussage, Kraftführung und Form. Tatsächlich ist es ein Bereich – es ist ein Ganzes, es ist Kontinuität. Konstruieren und schreiben wir so, dass wir verstanden werden. Die Lehre vom Bauen ist keine abstrakte Wissenschaft, doch sie droht eine zu werden.

Wir haben als Bauingenieure eine gute Zukunft mit vielen Aufgaben aus sehr verschiedenen Bereichen. An ihnen wird sich mit Erfolg versuchen, wer Phantasie, Mut und Kraft mitbringt, um die starren Regelungen entrümpeln zu helfen, wer Bewährtes mit Neuem geschickt zu verbinden versteht, wer bedenkt, dass Ingenieurbauwerke – gleich welcher Art und Größe – einen sehr großen Teil des Gebauten auf dieser Erde ausmachen und dass sie kritikwürdig und begründbar sein sollen. Lassen Sie uns die Phantasie anregen, Begeisterung vermitteln und das Bauen der Ingenieure als spannende und lohnende Herausforderung für die Zukunft sehen! In diesem Beruf stecken noch immer Abenteuer; er kann aufregend sein, er findet nicht nur am Schreibtisch statt!

Auch künftig wird der Bauingenieur um eine solide Grundlage in der Mechanik, in der Kenntnis der Werkstoffe usw. nicht herumkommen. Grundkenntnisse im Bau-, Vergabe- und Vertragsrecht sind zweckmäßiger und wichtiger als das Wissen um das letzte Finite Element. Bauingenieure sind auf vielen Berufsfeldern anzutreffen, eine solide fachtechnische Grundlage hat sie dazu befähigt. Das wird sich auch künftig nicht verändern. Unser Beruf wird nicht an Bedeutung verlieren. Denn Bauen bedeutet Leben, und wir Bauingenieure werden auch künftig mittendrin stehen!

Bild 5 Ingenieurskunst: Normandie-Brücke über die Seine zwischen Le Havre und Honfleur mit 856 Metern Spannweite in der Hauptöffnung.

Literatur:

Schneider und Hersent: Pont sur la Manche. Paris 1889.

Stiglat, K.: Muss ein Bogen immer rund sein? Zur neuen Eisenbahnbrücke über den Rhein zwischen Mannheim und Ludwigshafen. Stahlbau 68 (1999), H. 10, S. 839–842.

Stiglat, K.: Brücken am Weg. Frühe Brücken aus Eisen und Beton in Deutschland und Frankreich. Berlin 1996.

Die Form des Eiffelturms in Paris vermittelt dem Betrachter das Gefühl: Der Turm steht fest und sicher. Diese Art der Ingenieur-Baukunst wird – natürlich versehentlich – immer wieder als Architektenleistung angesehen.

Ingenieurbau-Kunst oder Ingenieur-Baukunst?

Für ingeniöse Form-Erfindungen braucht es eine saubere, klare Vorstellung vom Weg der Kräfte

Vortrag beim 1. Tag der Ingenieurbaukunst der Ingenieurkammer von Schleswig-Holstein am 15. Juli 2001; Aufsatz in „Deutsches Ingenieurblatt", Oktober 2001

Wenn der Eiffelturm als Architektenleistung apostrophiert wird, sträuben sich so manchem Ingenieur ärgerlich die Nackenhaare. Deshalb ist es gut, dass die „Initiative Architektur und Baukultur" der Bundesregierung ausdrücklich auch die Ingenieure mit einbezieht – und dass diese angemessen sich daran beteiligen. Der folgende Beitrag eines gestandenen Ingenieurs versteht sich indes nicht nur als Beitrag zu dieser Initiative, sondern auch als Mahnung an die eigenen Kollegen, ihre beruflichen Wurzeln nicht zu vergessen.

Die in der Überschrift so beziehungsreich gestellte Frage deutet die zwei Inhalte an, die in dem Wort Ingenieurbaukunst zu sehen sind, je nachdem, wie wir es auftrennen.

Zum einen: „Ingenieurbau-Kunst" ist, so können wir verstehen, die von Ingenieuren vor allem geübte Kunst des konstruktiven Bauens. Das muss nicht nur Konstruktionen im herkömmlichen Sinne – wie die des Hoch- und Brückenbaus – bezeichnen; Bauen am Wasser, zum Beispiel der Stahlwasserbau oder Dämme und Regulierungen, die Wasser- und Straßenführung bis hin zur intelligenten Verkehrsregelung, Ver- und Entsorgungsanlagen, das Sanieren und Nachrüsten und anderes gehören dazu.

Ein bekanntes Bauwerk, vor über einhundert Jahren errichtet, soll zur Erläuterung dienen. Es ist *Eiffels* Turm in Paris, der für die Weltausstellung von 1889 fertiggestellt worden war. Er zeigt mit seinen 300 m Höhe einen in der damaligen Zeit für unmöglich gehaltenen Vorstoß in ganz neue Größenordnungen der Bauwerkshöhen. Riesige Brücken wie die bei Dirschau über die Weichsel, über den Rhein in Köln oder Kehl oder den Firth of Forth usw. waren bereits gang und gäbe; es lagen Entwürfe vor, den Kanal zwischen England und Frankreich zu untertunneln oder zu überbrücken. Der Turm zeigt die Kunst und das Können der Ingenieure jener Zeit, die Berechnungen zutreffend zu formulieren und schwierig zu erfassende Lasten wie die aus dem Wind sowie seine Verteilung über die Turmhöhe einigermaßen zutreffend anzunehmen. Weiterhin wurden die einzelnen Bauteile in der Werkstatt passend für die Montage am Aufstellungsort zugerichtet und hier nur noch mit geringen Nacharbeiten zusammengefügt.

Dieser Turm war und ist ein großartiges Beispiel dafür, wie Werkstoffe, in diesem Fall der Stahl, zuverlässig eingesetzt und ausgenutzt und die Fertigung in der Werkstatt sowie die Fügung auf der Baustelle beherrscht werden.

Wir alle halten dies heute für selbstverständlich. Doch dem ist nicht so: Jede neue Aufgabe, und sei sie auch noch so klein, bedeutet auch für den Ingenieur nach wie vor eine Herausforderung an seine Kunst des Konstruierens. Seine Konstruktionskunst zeigt sich nicht nur an den durch ihre Abmessungen beeindruckenden Werken, sondern ebenso in vielen kleineren, kaum beachteten Details bei alltäglichen Vorhaben.

Zum anderen: Wir trennen „Ingenieurbaukunst“ auf in „Ingenieur-Baukunst“ und verstehen darunter des Ingenieurs Beitrag zu und seine Auseinandersetzung mit der Baukunst. Bleiben wir bei dem Beispiel mit Eiffels Turm. Seine Größe und damit seine Dominanz im Stadtbild der Weltstadt Paris, aber auch sein Material, der nackte, unverbrämte Stahl, forderten den lautstarken Widerspruch von Schöngeistern heraus, der nicht selten in Häme über den Berufsstand der Ingenieure überging.

Bald nach seiner Inbetriebnahme beruhigte sich die Stimmungslage und nicht erst seit kurzem wird der Turm als großartige Ingenieurleistung und als ein bedeutendes Beispiel der Ingenieur-Baukunst gewertet; manch ein Feuilletonist lobt ihn, versehentlich natürlich, als Architektenleistung.

Doch was haben *Eiffel* und seine Mannschaft vollbracht? Abgesehen von der immensen Größe und dem geballten Einsatz des Werkstoffes Stahl hat der Turm eine scheinbar ganz eigenwillige Form erhalten. Sein insgesamt quadratischer Querschnitt verbreitert sich von der Turmspitze zur Basis hin immer mehr, die Basis misst knapp 130 m mal 130 m. Seine Eckstiele schwingen kräftig nach außen. Das ist eine Formgebung, die bei keinem der bis zu dieser Zeit bekannten Bauwerke, zumindest in dieser ausgeprägten Weise, abgesehen vielleicht von den Pyramiden, zu beobachten war. Die Verläufe der nach unten hin kräftig ausspreizenden Eckstiele waren aus der Notwendigkeit entstanden, der über die Turmhöhe von oben nach unten überproportional zunehmenden Beanspruchung aus dem Wind einen entsprechend anwachsenden inneren Widerstand des „Fachwerk-Quadratrohrs“ (das ist dieser Turm in statischer Hinsicht) entgegenzusetzen, also Standsicherheit zu erreichen.

Das Quadratrohr, nun wie ein Teil eines Pyramidenstumpfes, ist aufgeschlitzt und auseinander gespreizt worden. Diese Form des Turms vermittelt Betrachtern und Nutzern: Der Turm steht fest. Man sieht es ihm an, der Laie spürt es, er glaubt es. Er vertraut! Es sind keine „fließenden, schwungvollen“ Berandungen des Turms um ihrer selbst willen, also aus rein formalen Gründen gewählt worden.

Die Horizontalkräfte werden, anders als bei den Kathedralen, nicht durch Ballastierung mit Fialen und über Strebepfeiler aufgenommen und abgeleitet; auch nicht mit einer Abtreppung, wie zum Beispiel bei *Schinkels* Leuchtturm auf Rügen.

Durch einfachste geometrische Anpassung des inneren Turm-Widerstands gegen die zunehmende Beanspruchung aus dem Wind und dem Gewicht wird dies erreicht und deutlich mit der Form gezeigt. Eine neue Form ist entstanden. Die Kontur ist ein klares Ergebnis der konsequenten Verfolgung der Kräfte: Ihrer Sammlung in den seitlichen Fachwerken des Turms, ihrer Bündelung in den Stielen an den Ecken und ihrer Führung, eben mit der gewählten Kontur. Bei einer Abspannung mit Seilen sähe der Turm anders aus, nochmals verändert, wenn in Beton errichtet usw.

Es folgt aus diesem und vielen anderen Beispielen anschaulich, dass die Formen der Konstruktionen, ihre Konturen, ihre Ausfüllungen, zum Beispiel Fachwerk oder Rahmenträger, Staumauern als Schwergewichtswand oder Schale usw., nicht beliebig sind. Wohl auch nicht mit dickem Bleistift auf Servietten während eines Caféhaus-Gesprächs entstehen können (um später dann möglicherweise in einem Architekturmuseum als Zeichen eines Genie-Blitzes aufgehängt zu werden).

Nein, solche Form-Erfindungen sind nur möglich, wenn eine saubere, klare Vorstellung über die Kräfte herrscht, wenn eine sinnvolle einfache Berechnung dieses innere Bild von Anfang an begleitet und wenn die Fertigung und die Montage mit bedacht werden, damit nicht später die Kosten oder gar eine misslungene oder zwangsläufig abgeänderte Ausführung die Idee torpedieren oder sehr verwässern, was ja nicht gerade selten vorkommen soll.

Die Vorstellung über Kräfte und ihr Wirken und ihre zutreffende Umsetzung, also ihre Fassung, führte und führt zur Form, zu neuen Formen oder zur Variation und Überhöhung von bekannten.

Konstruktion ist somit mehr geworden als aus Gründen reiner Zweckmäßigkeit allein notwendig wäre.

Unsere Konstruktionen sind keine Skulpturen. Sie können so wirken, aber sie werden nicht so entworfen und nicht so entwickelt. Konstruktionen sind sichtbar gemachte Kraftfelder. Ein Kraftfeld ist für uns alle unsichtbar, wie zum Beispiel ein Magnetfeld, das erst die gestreuten und sich ausrichtenden Eisenspäne sichtbar werden lassen. An die Stelle der Eisenspäne treten flächige Elemente wie Platten, Scheiben, Schalen oder lineare wie gerade oder gekrümmte Stäbe und Seile, welche sich zu Balken, Bogen und Stützen gestalten oder zu Netzwerken verdichten. Sie bieten den Kraftlinien Wege an, lenken sie um und ab und machen diese damit, im Konstruktionsteil materialisiert, sichtbar. Je nach der Steilung dieser Elemente zur Kraftrichtung und abhängig von unserem konstruktiven Vermögen, diese Kräfte aufzufangen und sicher in die Erdscheibe, in die Gründung zu leiten, entstehen kraftharmonische und überzeugende oder unlogische und unzweckmäßige Konstruktionsformen. Die genannten, ausgeformten Elemente wiederum dienen der Raumgestaltung und Raumbildung durch den Architekten.

Wenn beider Beiträge, die von Ingenieur und Architekt ausgewogen und abgestimmt sind, entsteht ein beachtens-

Beispiele für die Baukunst der Ingenieure sind nicht nur Fritz Leonhardts weltweit berühmter Stuttgarter Fernsehturm ...

wertes Werk. Unsere Konstruktionen sind sperrig, spröde und nackt. Das stört gewohnte Vorstellungen. Das konstruktiv Sperrige hat nicht genug Masse, stellt wohl nichts „Ewiges" dar. Bei den frühen Bahnhöfen kaschierten repräsentative, massige steinerne Eingangsbauwerke die grandiosen eisernen Bögen über den Bahnsteigen und Einfahrgleisen.

Das hat sich geändert. Heute wird dem kühlen Stahl- und Betontragwerk kaltes, von außen kaum durchsichtiges Glas vorgesetzt. Die Auflösung der Wände und Dächer in immateriell wirkendes Glas, ihr Verschwinden, wird großenteils durch eine verwirrende Vielzahl von Verspannungen gerade dieses Durchsichtigen erreicht. Der Kraftfluss wird vernebelt, es fehlt ein klares Abbild des „Tragenden". An *Eiffels* Turm wie an anderen durch viele Schrägstäbe gekennzeichneten Konstruktionen rügt man die Wirrnis der Linien. Doch im Gegensatz zu diesen lassen viele der verspannten Objekte keinen Zusammenhang mehr zwischen der Form und dem Wirken der Konstruktion erkennen.

Als Beispiel für die Ingenieur-Baukunst habe ich Eiffels Turm herausgegriffen. Wir können Rendsburg oder Hochdonn oder andere Brücken erwähnen, auf die raffinierten Schalenkonstruktionen des italienischen Ingenieurs *Pier Luigi Nervi* verweisen, den Turm *Fritz Leonhardts* in Stuttgart oder den bereits wieder demontierten Netzkühlturm von *Jörg Schlaich* in Schmehausen nennen, die leider weniger bekannten, vom Abbruch bedrohten Schalentragwerke *Ulrich Müthers*, in der DDR-Zeit entstanden, und vieles mehr hinzunehmen.

...oder Jörg Schlaichs Kühlturm in Schmehausen, der mittlerweile schon wieder abgerissen ist, sondern...

Und natürlich wäre auch eine ganze Reihe von neueren und neuesten Bauwerken zu vermerken. Diese Konstruktionen mit ihren Konturen und Füllungen sind meist unter dem Zwang zu strenger Wirtschaftlichkeit entstanden. Sie sind frei von Schnörkeln und Verzierungen, nicht immer frei von konstruktiven wie gestalterischen Fehlschlüssen. Der Grundsatz war und ist, die Kräfte auf kurzem Weg zu führen – Umwege kosten Geld für die Herstellung und die Wartung und bieten unscharfe Abbilder dessen, was sich im Tragwerk abspielt. Das ergibt sinnvolle Lösungen; sie müssen nicht in Monotonie und Gleichartigkeit ausarten, die dann lediglich durch aufgesetzte und angehängte Versatzstücke gemildert werden sollen; wie zum Beispiel durch einen Schiffsbug, der bei einer Brücke aus der Fortführung der unteren Trägerberandungen in den darüber liegenden Geländerabschlüssen entwickelt worden ist oder durch Rhythmisierung mit an den Gehwegen angeklebten Masten. Solche Brücken sehen wir öfters, an neueren Autobahnstrecken vor allem.

Doch beileibe nicht nur in Deutschland! Meine Fahrten durch Frankreich sind äußerst reich an solchen Eindrücken, und es wird in anderen Ländern nicht so viel anders sein: Einmal mehr bombastisch gewulstet oder vorgeblendet, ein andermal mehr Farbe, oder beides zusammen. Das ergibt noch keine überzeugenden Brücken, wenn ihnen ihre zwangsläufige Linearität mit angeklebtem Volumen ausgetrieben werden soll. Es erinnert etwas an den Posten „Kunst am Bau“, den ich auch als Ingenieur nicht verachte, sofern es sich um Zutaten handelt, die die Güte des Gebauten zumindest erreichen oder gar steigern. Natürlich ist es schwierig, Dutzende von hintereinander liegenden Brücken aussagekräftig zu formen, mit immer neuen Ideen anzureichern. Meistens dienen diese einfachen Bauwerks-Typen – die öffentlichen Kassen belastend – lediglich dem Zweck, über schnell befahrenen Fernstraßen Verbindung zu sein für querenden, geringfügigeren Kreisstraßenverkehr. Von den bekannten Lösungsansätzen für „bessere" Gestaltung überzeugen nur wenige. Es ist allerdings auch der Eindruck nicht wegzuwischen, dass Einfachheit, als fehlende „Signalwirkung" apostrophiert, manchen Designern ebenso zuwider ist wie manchen Statikern das Nachdenken über angemessene Formgebung. Dabei sind es oft nur Kleinigkeiten im Konstruktiven, die den Blick des interessierten Betrachters aufmerken lassen, trotz schneller Fahrt.

Bescheidenheit im Bau-Auftreten ist zurzeit nicht sehr gefragt. Es gehen bei Wettbewerben um des Formalen willen wirre Vorschläge ein, l'art pour l'art-Artikel, von denen die meisten nicht akzeptiert werden können, da das Design vorherrscht und zum Beispiel die Brücken nur noch zu dessen Träger degradiert werden. Andere Entwürfe werden gebaut, exaltiert in der Form überspannen sie Flüsschen in mäandernden Linienführungen oder verwirbeln sich im Raum. Sie dienen zur Raumausstattung, sie sind für einen großen Teil der Bauwerke, die schwerste Lasten übernehmen müssen, nicht geeignet. Doch gerade diese Lösungen werden oft beispielhaft zitiert, und Begründungen für das „Schwere" ungern gehört, auch wenn es angemessen gestaltet ist.

Ich möchte hier nicht meckern!

Aber lesen wir über Gebautes, so fehlen immer Hinweise darauf, was mit der jeweiligen Konstruktion ausgedrückt wird, welche Aufgaben und technischen Anforderungen sie erfüllen soll und ob dies gelungen ist. Die Architekturkritik wäre zu ergänzen durch eine Konstruktionskritik, die es praktisch nicht gibt. Es ergibt Unvollständiges, wenn Konstruktives nur gemessen wird mit den Maßstäben, die an Bauten in massiver Bauweise hergeleitet worden sind, die einer Philosophie über den Raum und seinen Entwicklungen entstammen.

Es ist sicher ein vermessener Vergleich: Ein Roman und ein Gedicht unterscheiden sich. Epische Ausmalung im einen und kürzelhafte Prägnanz im anderen Fall haben die Sprache, die Sprachkunst, gemeinsam. Konstruktionen neigen den Kürzeln zu, reduziert bis zum Notwendigsten. Konstruktion ist mehr als eine Zutat. Ingenieur-Denken ist wesentlich komplexer, als es erscheint, und nicht ohne Weiteres allgemein verständlich zu beschreiben. Ferguson, ein amerikanischer Maschinenbau-Ingenieur, hat es in seinem lesenswerten Buch „Das innere Auge. Von der Kunst des Ingenieurs" versucht.

Uns steht immer der Fachjargon im Weg, diese Kürzelsprache, die unser Nachdenken scheinbar auf die Zahl reduziert. Mit Hilfe der vergrößerten Rechenschieber, der Computer, veröden wir unsere Sprache noch mehr. Sie

... auch viele, viele baukulturelle Kleinode, wie diese Schale, die der Bauingenieur Ulrich Müther aus der DDR auf Rügen schuf.

behindern unser inneres Zwiegespräch, beseitigen Zweifel und wiegen uns in stiller, trügerischer Sicherheit. So ist es oft nicht einmal möglich, eine überzeugende Begründung für die Wahl des Werkstoffes, sei es Beton, Stahl oder Holz, zu erhalten, geschweige denn für die letztendlich gewählte Form, in welche die Kräfte gelegt worden sind.

Die unsinnigsten Aussagen, und sie werden ohne Skrupel formuliert, sind von jenen zu erwarten, die sach- und fachfremd nur Stichwörter zu Werbesprüchen verarbeiten. So wie in jener Kampagne zur Verbreitung des Stahls, die, so deren Ziel, den Menschen ans Herz gehen soll: „Stahl ist Leben, ob im Herzschrittmacher oder als sichtbarer Teil unserer demokratischen Gesellschaft in Form der transparenten neuen Reichstagskuppel.“ Da bleibt Staunen: Der alte Reichstag trug eine Stahlkuppel. Sie überspannte die Wilhelminische und die Weimarer Ära und einen Teil der 1000 Jahre des Dritten Reiches. Und wenn die neue Kuppel aus Beton wäre, symbolisierte sie dann Antidemokratisches oder Restauration und kein Leben? In diese Sackgasse der Werbung sollten wir Techniker nicht gehen. Oder sind wir nur „zu genau“?

Ebenso ist die nächste zu meiden, die aufgetan wird, wenn wir unseren Beitrag zur Baukunst allein in der Berechnung oder in der Vielzahl der beigezogenen und erfüllten Normen sehen. Wie unbefriedigend es um das Verständnis des Konstruktiven bestellt ist, können wir unseren Fachzeitschriften, vor allem aber manchen Feuilletons entnehmen. Erstere beschränken sich auf das rein Fachliche, sie sind ja für den Fachmann geschrieben worden.

Allgemein verständliche Publikationen aus dem Bereich des Ingenieur-Bauens werden nicht verfasst. In den Feuilletons wird eloquent ein modischer nichts sagender Terminus an den anderen gereiht, sie lassen den Leser am Ende verwirrt zurück. Es ist häufig eine wichtigtuerische, keine das Problem durchdringende Berichterstattung; sie ist auf Äußerliches beschränkt, aufzählend und in Vergleichen ersaufend: Vom „dynamisch fließenden Betondach“ bis zur „ätherischen Glaswand“ usw. usw.

Von dieser Seite ist für die Kunst der Ingenieure oder ihren Beitrag dazu wenig zu erwarten. Es fehlt das Verständnis. „Nur ein Fachmann, der forschend und schaffend inmitten seiner Genossen steht, wird es schreiben können“, vermerkte der Kunsthistoriker *Alfred Gotthold Meyer* in seinem 1907 erschienenen Buch „Eisenbauten – ihre Geschichte und Ästhetik“ zur Aussicht, wie die Geschichte der Eisenbrücken des 19. Jahrhunderts verfasst werden könnte. Und *Günter Gillessen* schrieb in einem FAZ-Beitrag „Kunst entsteht aus Wissen": „Also sollten auch unsere heutigen Kunstwissenschaftler ein Bauwerk nicht ohne Bauverstand betrachten."

Beherzigen wir Ingenieure dies doch, schreiben und erzählen wir von unseren Werken, verständlich, selbstbewusst, selbstkritisch und kenntnisreich. Es geht nicht primär um Berechnung, um schwere oder leichte Konstruktionen usw. Es geht um unser Bild in unserem Kopf, das wir uns von den Kräften machen, und wie wir dieses Bild in eine Konstruktion umsetzen. Das steht an erster Stelle! Was hindert uns daran? Die Wissenschaftlichkeit, welche droht, unseren Beruf ins Abseits zu führen? Auch in unserem Beruf hat Verwissenschaftlichung und theoretischstrenge Professionalität sehr zugenommen. Die während des Entwurfs notwendige Intuition, das Einfache in zutreffenden Berechnungsansätzen, das handwerkliche Verständnis, das die Ausführung voraus bedenken lässt und notwendig ist, werden in den Hintergrund gedrückt, als unwissenschaftlicher Teil gering geachtet.

Doch: Bauen passiert unter uns, im Alltag; nicht im Labor, nicht im Normengeschäft, die notwendige Beigaben bleiben müssen! Bauen ist eine auf den Zweck gerichtete Verbindung von Empirie, Theorie, Fantasie. Auf Regelmäßigkeit, Symmetrie, Proportion und Harmonie sowie Einbindung und Beziehung zum Ort beruht der künstlerische Wert der Form: Dies wird auch für Ingenieurbauwerke wie Brücken und anderes mehr als Kriterium genommen. Als einziges. Bei diesen Koordinaten fehlt manches, was gute Konstruktion mitbestimmt und ausmacht und zu ihrem Kunstwert beiträgt.

Mit vier *F*s möchte ich unser Tun und unseren Beitrag als Ingenieur nennen:

F1 für Form: Sie muss ein klares und eindeutiges Abbild der für jeden von uns zunächst unsichtbaren Kräfte sein.

F2 für Funktion: Die Anforderungen für den Zweck der Nutzung sind uneingeschränkt zu erfüllen. Nicht selten wird dies aus Gründen der Gestaltung vernachlässigt.

F3 für Festigkeit: Die Berechnung muss Varianten erfassen, prüfen und beurteilen. Die ausgewählte Lösung wird mit dieser Berechnung untermauert. Die Berechnung ist die Kunst, Kräfte mit dem Werkstoff und seiner Formgebung auszutarieren, also der Eignungsnachweis für Gebrauchstauglichkeit, Langzeitverhalten, Standsicherheit usw.

F4 wie Fertiung oder Fügung: Das heißt, das Herstellen im Werk und auf der Baustelle muss früh, um ein späteres Scheitern der Idee zu vermeiden, bedacht sein.

Wir könnten auch ein *F5 für Finanzen* setzen. Unter deren Druck stehen wir Ingenieure besonders. Da wir ja, aus landläufiger Sicht, nichts Schönes erzeugen – viele sagen: Was ist ein Rohbau doch für ein garstig Ding – so könnte doch alles etwas billiger sein?

Frühere Ingenieur-Generationen hatten, so scheint es heute manchmal, ein präziseres Gefühl von den Wegen, die die Kräfte nehmen – und wie der Ingenieur sie lenken sollte.

Apropos: Vielleicht glaubt deshalb die öffentliche Hand, Ingenieure für eine kenntnisreiche Baubegleitung in ihren Verwaltungen einsparen zu können? Weil sie befürchtet, zu viel Geld für technisch Durchdachtes zu vergeuden, was billiger einzukaufen wäre?

Zurück: Keines dieser fünf *F*s kann verändert werden, ohne dass die anderen unbeeinflusst blieben. Sie hängen aneinander, sind empfindlich gegen Störungen.

Warum sollten wir sie auch trennen oder delegieren oder gar abtreten zugunsten einer rein ästhetizistischen oder technizistischen Verwendung? So etwas gibt es viel zu reichlich. Täten wir dies, gäben wir Aufgaben ab, wir Ingenieure reduzierten uns selbst! Und dann? Dann gäbe es vielleicht bald keine weiteren Tage der Ingenieurbaukunst mehr, die ich uns so sehr wünsche.

Sicherheit – Was ist das?

Festvortrag zum 40jährigen Bestehen der Vereinigung der Prüfingenieure in Bayern e. V. am 7. November 2003; Aufsatz in „Stahlbau", Januar 2004

Seit langer Zeit steht der Schiefe Turm von Pisa schief. Im Laufe der Jahre hat seine Schiefstellung zugenommen. Über die noch vorhandene Sicherheit gegen Umfallen fand sich keine – mathematisch – exakte Festlegung unter den Fachleuten. Sicherheit können wir nicht sehen, sondern, wie in diesem Fall, nur ihre vermutete Abnahme, ihr Verschwinden beobachten.

In den Stollen des Bergbaus wurden seit Urzeiten hölzerne Verbauten eingebracht, dann ging man mit dem Aufkommen des industriell hergestellten Eisens auf eiserne über. Doch nun hörten die Hauer das Holz nicht mehr knirschen, wenn – bereits gefährlich oder noch nicht der Berg drückte. Eisen verformt sich weitgehend lautlos, Holz knirscht, bevor es versagt. So wurden wieder hölzerne Elemente zwischen die eisernen eingefügt, um das bewährte Warnsignal nicht zu verlieren. Sicherheit können wir nicht hören! Nur das Knirschen deutet auf mögliche drohende Gefahren hin.

Wir steigen hinunter in den Keller und riechen Gas. Ist es schon in einer kritischen Menge ausgeströmt? Ein städtischer Suchtrupp klärt die Situation. Wir riechen die Veränderung, doch ob noch ein sicherer Zustand vorliegt, sagt uns dieser Sinn nicht.

Wir gehen über eine Brücke, zum Beispiel eine schlanke Fußgängerbrücke. Sie schwingt oder sie läuft gar „hinterher", „schlägt" in die Hacken, wie wir sagen. Wir fühlen ihre Schwingungen, ihre Vibrationen. Der unerfahrene Nutzer wird durch die überhöhte Anzeige seines Gleichgewichtssinns aufgestört und bekommt Zweifel an der Sicherheit und damit an der Standfestigkeit der Brücke. Sind seine *Ge„Fühle"* zutreffend?

Aus Erfahrung ließe sich scheinbar folgern: Erst wenn Sehen, Hören und Fühlen oder Riechen und Schmecken zusammen Veränderungen anzeigen, droht völliger Sicherheitsverlust; so geschehen u. a. beim Einsturz der einem über mehrere Tage anhaltendem Windstrom ausgesetzten Tacoma-Hängebrücke, deren Fahrbahn sich in sichtbaren, gewaltigen Ausschlägen verformte, wobei der Stahl beim beginnenden Zerreißen hörbar knirschte und der flüchtende Autofahrer auf der Brücke dies auch wahrnahm. Doch da war es zu spät: Die Katastrophe trat ein.

Wir brauchen für die Menschen Sicherheit der Tragwerke und ihrer Teile mit einem ausreichenden Abstand gegen das Versagen. Mit unseren Sinnen allein lässt sich die Größenordnung einer noch vorhandenen Sicherheit nicht feststellen. Unsere Sinne registrieren nur Veränderungen, die wir einer Veränderung der Sicherheit zuordnen. Dies geschieht aus unserem Urtrieb der Vorsicht und des Misstrauens heraus, der jedoch wenig geeignet ist für exakte Aussagen im Vorfeld eines möglichen technischen Defekts. Es stehen sich natürliche Gaben oder Fähigkeiten und technische, also künstlich geschaffene Probleme gegenüber. Natur, Mensch versus technischen Defekt. Die Einstellung zu Schäden, auch zu sehr großen Ereignissen dieser Art, ist sehr verschieden. Sie hängt von vielem Unwägbaren ab, was aus Sitte, Religion und Erziehung folgt. So wird die notwendige geforderte (abstrakte) Sicherheit und ihre Interpretation auch immer von der geografischen Lage, der Gesellschaftsform und ihrer politischen Ausrichtung, vom Bildungsstand u. a. m. abhängen.

Wie viel Unsicherheit können wir uns in Fragen der Sicherheit erlauben? Wissen wir überhaupt, wie sicher etwas Gebautes ist? Woher beziehen wir diese Sicherheit darüber? Sind wir nicht selbst, als Ingenieure, überrascht, sogar entsetzt, wenn ein Schaden, schlimmstenfalls mit Todesfolge, eintritt und wir – als Beteiligte oder Gutachter – dann feststellen müssen, dass in den allermeisten Fällen nicht ein gravierender Fehler die Sicherheitsmarge, das ist alles was nach dem Eins-Komma kommt, aufgezehrt hat, sondern dass eine ganze Reihe von kleinen Einflüssen, geringfügigen Mängeln oder Unachtsamkeiten in der Planung und der Ausführung sich zusammengefunden und diese, gemessen an den einzelnen Ursachen, unverhältnismäßig große Auswirkung hervorgebracht haben.

Wir lesen in *Theodor Fontanes* „Die Brück' am Tay":

„Wann treffen wir drei wieder zusamm'?"
„Um die siebente Stund', am Brückendamm."
„Am Mittelpfeiler."
„Ich lösche die Flamm'."
„Ich mit."
„Ich komme vom Norden her."
„Und ich von Süden."
„Und ich vom Meer."
„Hei, das gibt ein Ringelreihn.
Und die Brücke muss in den Grund hinein."
„Und der Zug, der in die Brücke tritt
um die siebente Stund'?"
„Ei, der muss mit."
„Muss mit."
„Tand, Tand,
Ist das Gebilde von Menschenhand."

Die drei zusammentreffenden Winde, das waren, in unserer Terminologie fachlich vereinfacht ausgedrückt: mangelhaftes Gussmaterial als Werkstoff; wenig qualitätsvolle Ausführung, also schlampige Verarbeitung auf der Baustelle sowie in der Berechnung zu niedrig angesetzte Windbeanspruchungen, die zu dieser Zeit noch wenig erforscht waren. Am Ende wird das menschliche Werk als „widernatürlich" und somit stets gefährdet eingestuft. Zur Erinnerung: Dieses, das Denken der Bauingenieure beeinflussende Unglück geschah am 28.12.1879.

Sicherheit ist zwischen Wissenschaft, Verwaltung und Industrie mit ihren unterschiedlichen Sichten, Aufgaben und Interessen angesiedelt. Die Zonen vermischen sich. Alltäglicher, zugespitzt gesagt, ließe sich Sicherheit im Spannungsfeld von Wissenschaft und Gewinnstreben sehen. Zum Gewinnstreben zählt nicht nur das materielle, sondern auch politisches, das unter den Begriffen Deregulierung, mündiger und eigenverantwortlicher Bauherr, Verwaltungsvereinfachung, doch auch Wählerstimmen, siedelt. Strenge Wissenschaft kümmert sich zunächst weniger um den Alltag sondern sondiert – abstrakt – Gefahrenpotential, Eintrittswahrscheinlichkeit, Restrisiko ... Sicherheitstechnische Erwägungen müssen Vorrang vor wirtschaftlichen Überlegungen haben. Das kostet Geld.

Doch nicht allein das Geld ist entscheidend für die Qualität des Geplanten, Gebauten und des Prüfens. Sie hängt vor allem ab vom Können der beteiligten Ingenieure, von ihrem Wissen, ihrer Erfahrung und – auch – von ihrem Durchsetzungsvermögen. Beleben wir jedes Projekt mit Phantasie und Intuition oder sehen wir es als Möglichkeit, die Rendite ohne entsprechende Gegenleistung so hoch wie möglich zu schrauben?

Für uns Prüfingenieure heißt dies, beispielsweise nicht allein den Ziffern nachzusteigen und marginale Abweichungen zu korrigieren oder neueste Normfassungen auf zu sanierende, alte Gebäude ohne Wenn und Aber anzuwenden. Wir müssen die Umsetzung der Berechnung in Pläne und Ausführung überprüfen und dabei auf die Logik der Konstruktion achten. Wir müssen hierbei das Ganze sehen und das verbindende Detail im Auge behalten. Die Kunst des Konstruierens hat *Fritz Leonhardt* diesen Teil unserer Arbeit genannt, zu Recht, denn sie ist wichtiger als das Anhäufen von Zahlen und nochmals Zahlen, die im Grunde nur bestätigen sollen, was wir gedacht, entworfen und konstruiert haben.

„Die Macht der Computer und die Ohnmacht der Vernunft" ist der treffende deutsche Titel *Joseph Weizenbaums* kritischer Untersuchung über die wahren Möglichkeiten der unser Denken und Handeln entlasten wie auch beflügeln sollenden Maschinenhilfen. Die Ohnmachtsanfälle der Vernunft beim Planen, Berechnen und Prüfen gehören zu unserem Alltag: Die Sucht, unzutreffende C-Ergebnisse richtig zu interpretieren zehrt einen großen Anteil der für andere Arbeiten notwendigen Energie auf. Auch hier tut sich „ein weites Feld" für Sicherheitsrisiken auf.

Ich habe das Ganze und das Detail erwähnt. Es sei an ein Ereignis mit katastrophalem Ausgang erinnert. Der Absturz der Challenger, 1985, ging auf einen winzigen Mangel zurück, auf einen unter Kälte seine Elastizität einbüßenden Dichtungsring. Der Physiker und Nobelpreisträger Richard Feynman hatte dies sehr bald erkannt und als Mitglied der Untersuchungskommission vermerkt: „Das Problem mit den Dichtungsringen wurde zehn Jahre lang diskutiert. Getan wurde aber nichts, denn niemand hatte detaillierte Informationen. Diese waren nur auf der niedrigsten Ebene vorhanden, bei den Ingenieuren. Warum die Ingenieure auf der niedrigsten Ebene der Entscheidungsprozesse eingestuft wurden, weiß ich nicht, aber dies scheint ein allgemeines Gesetz zu sein: Jene, die etwas über die wirkliche Welt wissen, bilden in diesen Organisationen die unterste Stufe, und jene, die nur wissen, wie man andere Leute beeinflussen kann, indem man ihnen sagt, wie schön die Welt im Idealfall sein könnte, sind an der Spitze."

R. Feynman dachte nicht nur an die NASA; wir erleben heute Ereignisse, die ihren blamablen Verlauf sicher ähnlichen Ursachen verdanken.

Kommen wir auf die eben erwähnten Normen noch einmal kurz zurück. Grundsätzlich: Normen sind notwendig; doch: Sie sind inzwischen zu umfangreich, zu detailliert und auch zu zahlreich. Dazu tragen viele bei: zum Beispiel die öffentliche Hand mit ihren Institutionen, die manches noch zusätzlich neben den Normen oder diese ergänzend regeln möchten. Wir Ingenieure tragen dazu bei aus falsch verstandener Wissenschaftlichkeit vor allem; nicht wenige von uns in der Praxis und an den Universitäten wollen „letzte" Klarheit, auch das geringste Detail soll in den jeweils neuen Normfassungen berücksichtigt sein. Wie auch in anderen Bereichen, z. B. im Steuerrecht, wächst die Flut zu Sintfluten an mit allen Gefahren des Über-, Unter- und Wegspülens von wirklich Wichtigem. Mit der scheinbaren Festigung durch ausgeweitete Regelungen erhöhen wir nicht Sicherheit unserer Arbeitsergebnisse, sondern wir entmündigen uns und liefern uns der völligen Fremdinterpretation aus; wir verkümmern selbst unseren Erfindungsreichtum durch zu starre Zwänge.

Wenn wir alles zusammenfassen, und es bliebe noch manches hinzuzufügen, ist Bauen sehr komplex und kompliziert geworden, obwohl ein großer Anteil der Bauwerke Alltagsbauwerke sind, die solide Bearbeitung erfordern, bei denen sich die immer weitere Verfeinerung der Werkstoffe und der Berechnung jedoch nur wenig auswirkt.

Die Unsicherheiten, die anfänglich das Planen der Ingenieure erschwerten: Das waren die nicht genügende Kenntnis der Materialien, die noch im Empirischen verhafteten

Berechnungsverfahren, die auch heute noch wenig abgesicherten Nutzlasten und vor allem die Sicherheitsfaktoren usw. Diese Schwächen sind in den letzten einhundert Jahren von einer immer größeren Menge von Daten und mit verbesserten Berechnungsverfahren verringert worden.

Für eine klare Zu- und Einordnung dieser vielen „Bausteine" allerdings sind immer mehr besonders kenntnisreiche Ingenieure notwendig.

Prüfingenieure sind in erster Linie Bauingenieure; der zusätzliche Titel wird uns auf Bewerbung vom Ministerium nach einer erfolgreichen Qualifizierung verliehen. Dies bedeutet nun nicht, dass wir Prüfingenieure ex cathedra „Norm" zu sprechen hätten oder es gar könnten. Da wir als erfahrene Bauingenieure gelten, müssen wir ein Projekt in jeder Phase seines Entstehens überschauen und hierzu fachlich kollegial mit den übrigen Beteiligten zusammen arbeiten und zusammenarbeiten.

Unser Stand der Prüfingenieure wurde 1926 in Preußen fest eingerichtet. Hauptsächlich war er zur Unterstützung bei Baupolizei-Aufgaben vorgesehen. *Adolf Kleinlogel*, er war beratender Ingenieur und Schriftleiter von Beton- und Stahlbetonbau, schrieb aus seiner Sicht als Prüfingenieur: „Das Amt eines Prüfingenieurs verlangt eben nicht nur eine große theoretische, konstruktive und wirtschaftliche Erfahrung, die genaue Kenntnis der amtlichen Bestimmungen und der Wesenheit des betreffenden Baustoffs, sondern auch ausreichendes Verständnis für die betriebstechnischen Belange eines bestimmten Falls sowie völlige persönliche und finanzielle Unabhängigkeit gegenüber allen Beteiligten."

Es wäre zu verdeutlichen, was implizit angesprochen ist: Es wird neben fachlichem und sachlichem auch „menschlicher" Wert eingefordert oder vorausgesetzt.

Der mit seinen Aufgaben und dem Titel beliehene Prüfingenieur ist kollegialer Kontrolleur und weiterhin Vertrauensingenieur für die Öffentlichkeit. Sie kennt neben ihm auch andere Vertrauensleute, zum Beispiel die Ingenieure der im Vergleich zur Bauindustrie und ihrer Planenden wesentlich homogeneren Autoindustrie, die die Auto-Inspektionen vorschreiben und den Prüfungsumfang festlegen, was für die weiter zu erhaltende Sicherheit sorgt; das zuverlässige Funktionieren ihrer Produkte wird – was im Bauwesen nicht möglich ist – notfalls durch Rückrufaktionen erreicht. Die Nutzer der Fahrzeuge müssen ihren Anteil zur Sicherheit (u. a. im Verkehr) selbst beitragen.

Im Fall der Medizin ist die Öffentlichkeit selten beteiligt, der Patient stellt seinen zu sanierenden Körper dem Chirurgen anheim, in der Hoffnung, dass er und sein kritisches Team ihn wieder herrichten werden. Das Ergebnis hängt nicht nur vom Können des Chirurgen und seiner Mitarbeiter sowie der Kondition des Patienten ab. Höhere Mächte sind hier mit am Werk, was ja die vielen „Freistellungs-Unterschriften" vor medizinischen Eingriffen belegen.

Sicherheit kann streng wissenschaftlich mit einem Zahlenwert belegt werden, das ist die objektive Sicherheit. Die beliehenen Hüter dieser Sicherheit werden nun im Zuge von Deregulierungen neu positioniert. Sie sollen die Gralshüter der Sicherheit bleiben, das ist jedoch nur bei völliger finanzieller Unabhängigkeit und entsprechender Vertragsgestaltung möglich. Die unabhängige Position des Prüfingenieurs wird immer entscheidend sein in schwierigen Situationen. Wie sollte er seine unabhängige Position bis zum Äußersten wahrnehmen, wäre er aus einer wirtschaftlich freien Abhängigkeit als beliehener Vertrauensmann für die öffentliche Bau-Sicherheit in eine wirtschaftlich gebundene zu den Interessengruppen gestellt? Um es drastisch und ganz kurz zu sagen: Wes Brot' ich ess', des Lied ich sing'.

Zu solchen Einsichten waren nach spektakulären Unfällen und Schadensereignissen selbst amerikanische Untersuchungen und Verwaltungen gekommen, die für die Bauüberwachung unabhängig bezahlte Überwacher anstrebten, um die Qualität der Planumsetzung und Baustellenausführung zu verbessern.

Unser Büro hat nach einem schweren Erdbeben in der Türkei für ein deutsches Industrieunternehmen dessen beschädigte Wohngebäude auf ihre weitere Nutzbarkeit hin untersucht und dabei gegenüber den Ausführungsplänen große Defizite in den Bewehrungen, die für die Duktilität und das Widerstandsverhalten der Säulen bei Erdbeben entscheidend sind, festgestellt. Das ist kein Einzelfall und für Zentraleuropa nicht unvorstellbar.

Wir wollen keine Fach-Geschichten erzählen, auch wenn wir dazu neigen, uns im Speziellen zu verbeißen, was unsere Schwäche ist, doch auch unsere Stärke sein könnte. Der Alltag des Bauens erinnert nicht selten, ja immer mehr, an den „wilden Westen“, und die europäische Vermengung, die enge Marktlage u. a. m. tragen dazu verstärkt bei. Es geht nicht um eine Sonderstellung für Ingenieure, es geht um Sicherheit im öffentlichen Raum. Das eingeübte System bei uns ist viele Jahrzehnte alt, doch nicht antiquiert.

Wenn Neues kommt, vergeht Bestehendes. Doch frage ich mich, welches Neue kommt? Eine mehr als latent vorhandene Geringachtung der technisch Gebildeten einerseits und auf der anderen Seite die Übertragung technischer Pflichten als scheinbare Befreiung der Privaten von Obrigkeitszwängen beim Bauen stehen im Widerspruch zueinander. Der daraus entstehende Neue Markt sorgt nicht für mehr Sicherheit im öffentlichen Raum und der Erhalt der bisherigen erscheint fraglich. Der Markt darf Sicherheit nicht handeln!

Wir kennen leider nicht annähernd die Zahl der durch Prüfung verhinderten großen Schäden. Da sehr wenige in unserem Land passiert sind, kann dies positiv sowohl für die Bilanz der Prüfenden als auch für die der Aufstellenden und Ausführenden gesehen werden. Doch wie ist die wahre Verteilung? Statistiken solcher Art liegen auch aus dem Ausland nicht vor. Jedenfalls ist es, bei welcher Zielrichtung auch immer, falsch zu folgern, es sei ja nichts passiert, also sei eine Maßnahme überflüssig. Für den Ingenieur kann eine solche Schlussfolgerung in seiner Arbeit mit einer Katastrophe enden.

Sicher ließe sich einiges verbessern oder verändern. Vielleicht sollte mehr fachliche und sachliche Kollegialität einziehen, das heißt, Aufstellen und Prüfen in nahezu gleicher Augenhöhe oder, besser gesagt, Frontnähe ausgeübt werden.

Von ganz besonderem Wert ist die Bauüberwachung. Die stichprobenweise Überprüfung wird viel zu selten beauftragt oder ausgeübt. Da wäre manches zu verbessern, was der Sicherheit dient.

Sicherheit ist sprachlich mit Gewissheit, Zuverlässigkeit, Gefahrlosigkeit, mit einem Zustand des Nicht-bedroht-Seins, mit dem Fehlen von Gefahrenquellen verbunden; Sicherheit bedeutet eine Gewissheit über die Zuverlässigkeit von Einrichtungen. Sicherheit ganz ohne Risiko ist nicht von dieser Welt.

Sicherheit ist ein flüchtig' Ding, hinter dem wir wie hinter einem bunten, schillernden Schmetterling herjagen.

Sicherheit, die nur mathematisch definiert wird, ohne die subjektive Sicherheit einzubeziehen, bleibt zweifelhaft. Sie lullt unsere Phantasie und das Kritikvermögen ein. Es bleiben dann die Erfahrungen über die stattgehabten Unsicherheiten mit ihren Folgen und die Phantasie, neue Kombinationen und Varianten der Unsicherheit zu denken und zu entdecken, auf der Strecke.

Die drei Stürme in *Theodor Fontanes* Gedicht kämen aus neuen unterschiedlichen Richtungen und hätten wieder ein leichtes Spiel.

Bauzustände

Eine Auswahl von Freihandzeichnungen

INVESTOR:
JURISTISCHES BAUMANAGEMENT:
BAULEITPLANUNG:
FINANZKONTROLLE:
SCHWARZARBEITKONTROLLE:
ENERGIEKONTROLLE:
BAUHERR:
ARCHITEKT:
BAUUNTERNEHMEN:
INGENIEUR
11/07 Li
Die am Bau Beteiligten....

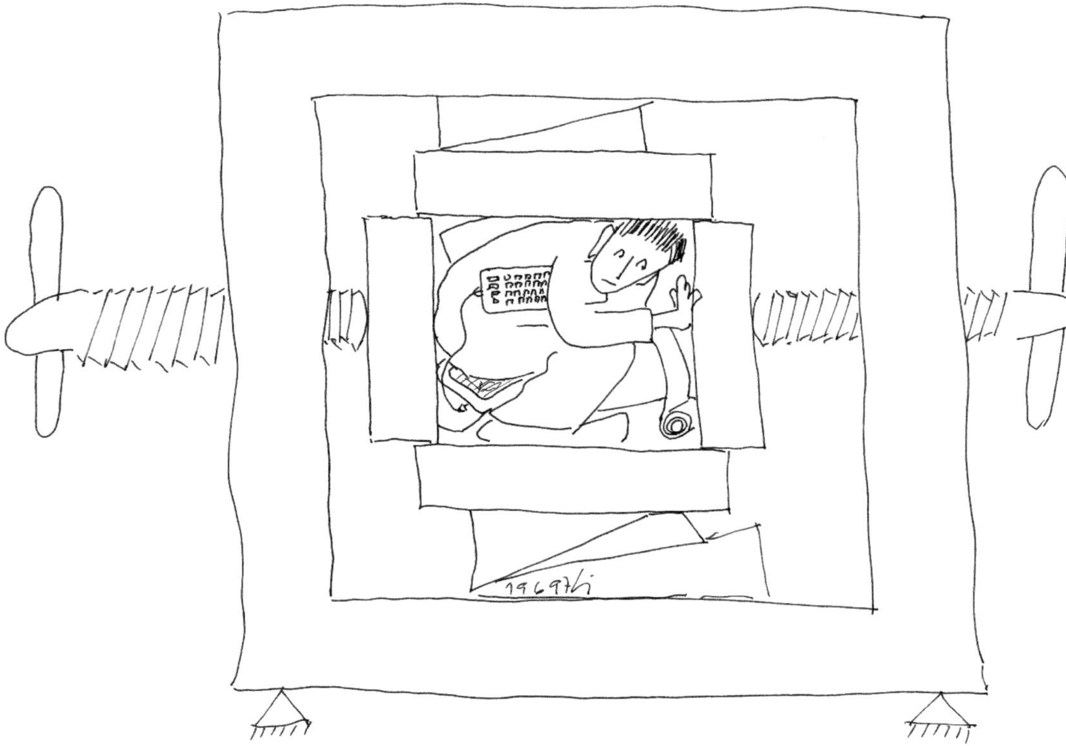

... unter dem Druck von Termin und Finanzen werden die besten Lösungen gefunden ...

„Haben Sie auch jeweils die Bügel-Haken geschlossen...?“

.....Chef, das ist erst die Mindestbewehrung.....

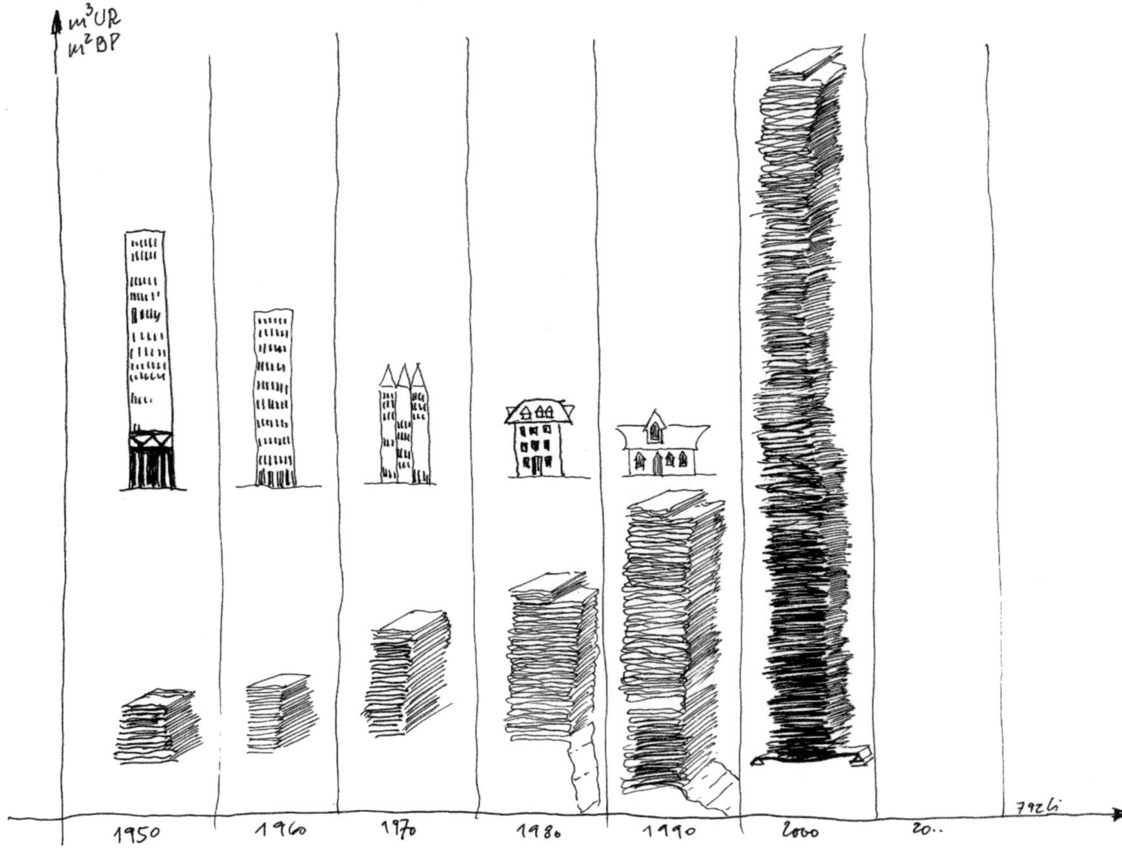

„Das Produkt aus Volumen umbauten Raums und Quadratmeter bedruckten Papiers ist konstant, hat der Sonderforschungsbereich 3,14 „Entwicklung der Ziffern" in seinem Schlußbericht nach 9jähriger Arbeit an die DFG festgestellt."

.. auf der Suche nach der verlorenen (Ingenieur-) Zeit ....

... Mußt Du wieder eine
neue Norm umsetzen ...?
MESS
WAGEN
ROM

.. Alle mitgeltenden Normen sind zu beachten....

.... Jungs, macht 'n ordentlichen Beton, der Auditor kommt ....

…. Nun erzählen Sie mal; wir wollen nicht wissen was Sie gebaut haben sondern wie Sie die Qualität erreichen, ……

Herr Vorsitzender,
der Angeklagte
schickt seine Rechner,
da die Problematik
sehr komplex
ist....

… Angeklagter, haben Sie das Ö-Zeichen angebracht oder nicht? …

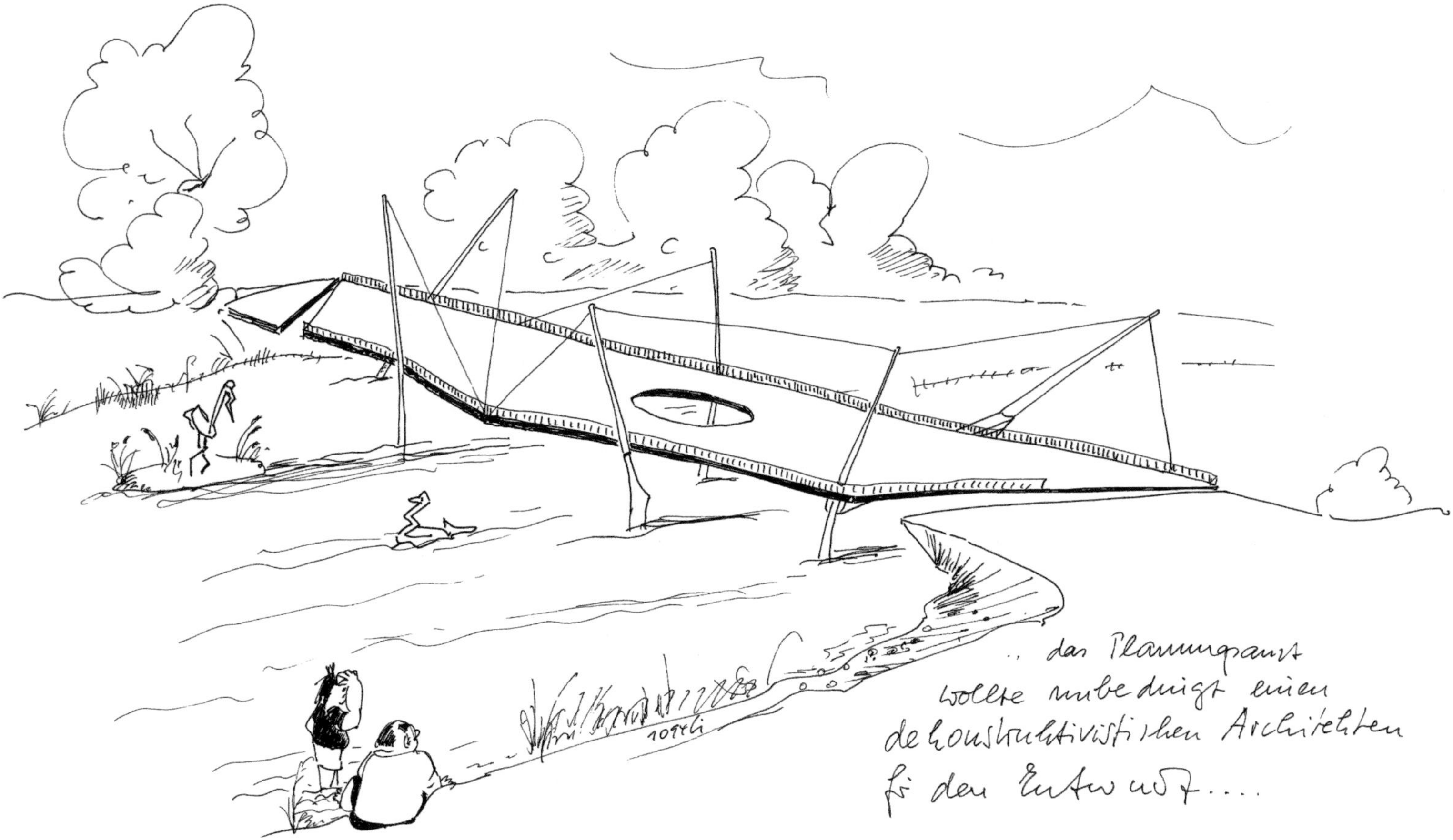
.. das Planungsamt
wollte unbedingt einen
dekonstruktivistischen Architekten
für den Entwurf....

..zunächst sträubten
wir uns...
..dann fanden wir
die Idee der
Architekten
ganz originell...

„... Dann hat mein Assist....... habe ich den variablen Faktor α' eingeführt, und alles löste sich auf ... Unglaublich.., wir werden nun bei der DFG gelder beantragen ....“

Ingenieure am Bau: Aufgaben, Verantwortung, Stellung

Vortrag auf dem VBI-Forum Schloss Hohenkammer am 29. September 2006; Aufsatz in „Bautechnik", Dezember 2006

Nehmen wir an, wir sollten einem interessierten Mitmenschen die Bedeutung unseres Berufes erläutern. Wir sind befangen, wenn wir ihn überzeugt und mit dem Herzen, um das Allerweltswort Engagement zu vermeiden, ausüben. Das bringt uns in die Gefahr, subjektive und objektive Feststellungen zu vermischen oder gar in Euphorie zu verfallen. Erzählen wir also von Glück und Mühen.

Ein Körper ist im statischen Gleichgewicht, wenn er drei Stützpunkte besitzt: Wir brauchen Halt und Gleichgewicht als geistiges und als tätiges Wesen; wir benötigen Zusammenhalt als kleinste Teile einer großen Gemeinschaft.

Halt im Geistigen gibt uns die Religion oder ein für gleichwertig gehaltener Ersatz aus Philosophie und Kunst. Für guten körperlichen Zustand sorgen Medizin, Sozialsystem und besonders das eigene Verhalten. Einen ordentlichen dritten Zustand besorgt die Technik; sie umfasst zunächst alles, was künstlich geschaffen ist, um Unbilden der Natur zu bändigen und zurückzuhalten oder um ihre Kräfte verfeinert nutzen zu können. Insbesondere ist es die Infrastruktur, in unserem Fall die technische, die unsere Existenz, unser Zusammenleben und Zusammenkommen ermöglicht mit Hilfe von Damm- und Sperrbauten, Trockenlegung, Landgewinnung, Hochwasser- und Erdbebenschutz, Land-, Schienen- und Wasserstraßen, Brücken- und Tunnelbau, Wasser- und Abwasserwesen, Hochbauwerken aller Art. Nicht zu vergessen sind die immer wichtiger gewordenen früheren Randgebiete Bauphysik, Entsorgungs- und Deponiewesen. In allen diesen Bereichen wirken Bauingenieure oder, umfassender gesagt, die Ingenieure am Bau in Entwurf und Planung, in Bauleitung und Bauüberwachung, in der Bauausführung und deren Vorbereitung und auf der administrativen Ebene entscheidend mit.

Wenn wir diese bunte Landkarte betrachten, müssen wir feststellen, dass das menschliche Miteinander mehr von unserem Tun bestimmt wird als wir gemeinhin wahrhaben wollen. Wir greifen sehr tief selbst in Räume ein, die auf die Psyche einwirken: Der Straßenplaner führt uns durch die Landschaft; er und der Tunnelbauer muten uns künstlich aufgehellte Dunkelheit und strengste Spurführung auf immer längeren unterirdischen Strecken zu; Ampelanlagen regeln den Verkehrsfluss ohne Rücksicht auf das persönliche Befinden der Verkehrsteilnehmer; nicht jeder bleibt am Schreibtisch im dreißigsten Stockwerk schwindelfrei.

Was tun wir? Natürlich, und das wird bei allem Eifer und der Freude am Planen und Bauen meist zurückgedrängt, entscheiden und bestimmen wir nur in wenigen Fällen über die Herstellung oder Errichtung der erwähnten, oft riesigen Projekte. Das geschieht letztlich auf einer weitgehend politischen Ebene, sei es die der öffentlichen Hand oder von großen Wirtschaftsunternehmen, deren Berater wir nicht selten sind. Wir haben uns also das Thema nicht selbst gestellt, wie wenn wir einen Roman schrieben oder einer Skulptur zum Dasein verhelfen wollten.

Mit der Übertragung eines Auftrages und mit seiner Annahme können wir unserer Phantasie Lauf lassen, uns freie Hand geben, etwas Neues zu schaffen. Wir haben eine Zielvorgabe erhalten, die es zu erfüllen gilt.

Den Weg dahin bestimmen wir mit unserer Phantasie, mit Intuition, Erfahrung und Risikobereitschaft, mit unserer Theorie- und Werkstoffkenntnis, mit unserem Kanon an Form und Gestalt, und auch mit unserer Überzeugungskraft gegenüber dem Auftraggeber. Neue Formen und neue Netze entstehen, verbesserte Werkstoffe werden entwickelt, unterschiedlich kombinierte Werkstoffe führen zu verbesserten Elementeigenschaften. Während einst die Werkstoffe Stahl, Beton, Holz, Glas, Textil in palisadenartig abgeschotteten Lagern gepflegt und gehütet wurden, ist heute ihre hybride Nutzung Alltag geworden und wird nicht mehr belächelt oder gar verpönt. Die Spannweiten greifen immer weiter aus, die Bauwerke eilen nach oben davon. Dies ermöglichen raffiniert ausgeklügelte Montageverfahren, verbesserte Schalungs- und Fertigteilsysteme, hochwertige Werkstoffe, leistungsfähige Betonförderanlagen und moderne Bewehrungszuschnitte, zusammen mit äußerst genauen Vermessungen und wirkungsvollen Theorien wie z. B. über Erdbebeneinwirkungen.

Was verantworten wir? Mit diesen, nun „unseren" Projekten schaffen wir neue Realitäten; sie greifen in bestehende hinein. Wir erfüllen gesellschaftliche Bedürfnisse. Sind diese immer richtig formuliert? Wir erfüllen uns im Rausch des Entwerfens eigene Bedürfnisse. Ist dies immer zulässig? Zähmen wir unseren Ingenieurdrang „Alles ist machbar", indem wir seine zentrifugale Kraft an einen festen Mittelpunkt anlegen? Dieser könnte „Bescheidenheit" heißen, oder „Langlebigkeit vor Ästhetizismus" usw. Natürlich sind solche Pole ständigem Zweifel an ihrer richtigen Positionierung ausgesetzt, doch dies ist besser, als gar keinen Festpunkt zu haben.

Einen solchen Ruhe- oder Drehpunkt brauchen wir als Grundlage für unser Planen. Wir übernehmen die Verantwortung, dass das Entstehen des Bauwerks, der Straße, der Deponie, der Brücke gut verläuft und sind in der Pflicht, Schaden am Werk und in dessen Umfeld zu vermeiden. Weiterhin stehen wir dafür ein, dass unser Werk den gestellten Anforderungen nach der Übergabe für einen angemessen langen Zeitraum voll genügt. Wir müssen versuchen, soweit es uns möglich ist, über das „Funktionieren" des Werkes hinausgehende, ungewollte, gefährliche oder schnell kostenträchtig werdende oder ganz allgemein als schädlich empfundene Auswirkungen im Vorfeld zu bedenken und abzuklären. Dazu drei Beispiele, aus der Rückschau betrachtet:

Im ersten Beispiel beziehe ich mich auf *Ropohl* (Ethik und Technikbewertung, S. 42 ff, 1996) und eigene Erfahrungen. In den sechziger Jahren war die Idee des Großraumbüros äußerst modern. Architekten, Innenarchitekten und Bauherren waren von den möglichen großzügigen Bürolandschaften mit Springbrunnen und Pflanztrögen, mit der Möglichkeit der zwanglosen Kommunikation zwischen den zusammen Arbeitenden begeistert. In Arbeitszellen verbannte Einzelne oder Zweier- und Dreiergruppen sollten daraus befreit werden, um künftig auf dem „demokratisch" offenen Arbeitsplatz ihr tägliches Pensum zu erledigen. Alles, was offen oder verglast, also durchsichtig ist, wird modisch mit dem Adjektiv demokratisch belegt. Es ist eines der heuchlerischen Wortgebilde, die in diesem Zusammenhang nichts aussagen. Die für die Psyche und die Arbeitsleistung und -qualität dagegen wichtigen Einflüsse wie Geräuschentwicklung, weitgehend künstliche Ausleuchtung, Raumklimawirkung auf die unterschiedlichen persönlichen Befindlichkeiten, die ständigen Bewegungsabläufe im Blickfeld der sich auf ein Problem konzentrierenden Angestellten und manches mehr wurden vernachlässigt, als irrelevant abgetan. Widerspruch seitens der Haustechniker, Bauphysiker und anderer hat es gegeben. Die Auswirkungen waren, wie Untersuchungen später zeigten, katastrophal: Vorgesetzte, und nicht nur diese, wollten nicht inmitten der Runde ohne schützende Stellwände platziert sein, der Geräuschpegel störte ständig, die Nerven aller lagen oft blank, Entspannung war nur im Küchen- und Toilettenbereich möglich, die Krankenquote stieg an. Diese unausgereifte Planungswelt verstarb, jedoch nicht vollständig. Wir können heute an manchen voll verglasten, „demokratischen" Glasfassaden beobachten, wie nach einiger Zeit der Einblick von außen auf legere Sitzhaltung, abgezogene Schuhe und anderes mehr mit nachgerüstetem Farbglas verhindert werden soll.

Zu den beiden folgenden Beispielen habe ich mich im Rahmen von Aufsätzen geäußert.

Eine der wichtigsten konstruktiven Erfindungen war *Hennebiques* Plattenbalken; in ihm fügte er die Trageigenschaften der Platte als solche und als Scheibe wirkend mit denen des unterstützenden Unterzuges zusammen. Zunächst geschah dies sicher aus den bei der Bauausführung gewonnenen Erfahrungen; doch der konstruktiv progressive, seine Überlegungen oder – wie bei der 100 Meter weit spannenden Risorgimento-Brücke in Rom von 1911 – gar Berechnungen kaum kundtuende, mit dem Verkauf von Lizenzen, Rezepturen und Planunterlagen reüssierende *François Hennebique* wusste sicher um den größeren Nutzen durch die Einsparung bei dem zu dieser Zeit noch äußerst teuren Baustoff Beton. *Robert Maillart* tat Gleiches und formte die miteinander verbundenen Elemente Platte, Längs-, Quer- und Hauptträger mit den Bogenscheiben zu seinen unübertroffenen Brücken. Und so ging es weiter über viele Jahre.

Erst in den letzten wenigen Jahrzehnten treten die Nachteile oder Schwächen solcher innerhalb einer Konstruktion mehrfach genutzten tragenden Teile zutage, da der Schwerverkehr auf den Fernstraßen stark zugenommen hat. Notwendige Reparaturarbeiten, beispielsweise an den Fahrbahnplatten als den hauptsächlich beanspruchten Teilen, sind nur äußerst schwierig auszuführen, da hierzu eine Entkopplung der einzelnen Tragelemente sehr zeit- und kostenaufwendig ist. Daraus lässt sich die Frage ableiten, wie eine „Rangfolge der tragenden Elemente" bei einer Brücke aussehen muss und welche Konsequenzen für das Tragwerk und seine spätere Unterhaltung im Rahmen der konstruktiven Durcharbeitung zu ziehen sind. Wir ordnen solche für die Dauerhaftigkeit wichtigen Schlussfolgerungen anderen Vorgaben wie Wirtschaftlichkeit, Formgebung, Montage unter. Das gilt für Verkehrsbauten ebenso wie für Hochbauten, bei denen, erinnern wir uns, erst Kleinmosaiken, dann Kacheln und schließlich Betonteile aus den Fassaden regneten. Auch Glas hat bereits zu tröpfeln begonnen. Wir sprechen viel von Dauerhaftigkeit; gehen wir dieses Problem immer richtig an? Den Veröffentlichungen in unseren Fachzeitschriften zufolge ist hier Nachholbedarf. Es fehlen Aussagen konkreter Art über das Langzeitverhalten; sie finden sich teilweise in den Vorschriften, jedoch ohne weitere Begründung.

Das letzte Beispiel entstammt einem Bereich, in dem Verantwortung eine für meine Vorstellung nicht zu überschätzende Größenordnung besitzt. Es handelt sich um die gigantischen, einen jeden Ingenieur reizenden und herausfordernden und letztlich nach dem Gelingen beglückenden Bauwerke wie Brücken, Türme und „Höchsthäuser". Bleiben wir wieder bei den Brücken.

Über die Millaubrücke ist viel geschrieben worden, auch über den Architekten *Foster*. Für die Ingenieure hatten die Feuilletonisten kein Wort übrig. Der maßgebende Ingenieur *M. Virlogeux* und seine Kollegen gerieten vollständig in den Hintergrund. Nebenbei sei an die Rheinbrücke Neuwied erinnert, die nach dem gleichen System, nur mit einem Pylon, wohl Pate gestanden hat; erinnert sei auch in diesem Zusammenhang an den mit ihr verbundenen Ingenieur *Hellmut Homberg*, der die Mittelebenen-Schrägseilbrücken in die großen Dimensionen vorangebracht hat: fast vergessene Geschichte.

Diese Brücke nun ist ein gigantisches Verkehrsbauwerk in einer unaufgeregten bergigen Landschaft, die sie auf knapp dreitausend Metern Länge durchzieht, in einer Höhe, die nach Hunderten von Metern über Talgrund misst. Die herausragende Ingenieurleistung ist unzweifelhaft, die Formgebung beeindruckend.

Andererseits verändert das Bauwerk eine Landschaft, die sich in Jahrtausenden herausgeformt hat. Steigert das Kunstbauwerk dieses Naturstück oder wird mit der künstlichen technischen Größenordnung dessen Weite und Großartigkeit eingeschränkt? Jeder sollte sich dies fragen. Wir kennen andere Beispiele, bei denen dies nicht so krass zum Ausdruck kommt: Hierfür sei der Pont de Normandie bei Le Havre, die Firth-of-Forth-Brücke und der Eifelturm genannt. Ihnen ist die Lage in einem weitgehend flachen Terrain gemeinsam. Diese Bauwerke sind ebenfalls einsame Solitäre, die jedoch mit der Natur nicht wetteifern und sie nicht diminuieren oder gar entwerten, sondern dem Auge einen Haltepunkt geben.

Die Millaubrücke, welche eine kleine Stadt vom sie erstickenden Verkehr befreit, allerdings auch manche Geschäftsschließung nach sich ziehen wird, ist neben der technischen eine bewusst politisch gewollte Demonstration der Größe, auch wenn diese nicht den Rang des vor über hundertfünfzig Jahren von *Ferdinand de Lesseps* erbauten Suezkanals erreicht.

Mit den zitierten Beispielen wird nach möglichen Folgen oder Auswirkungen unseres Mit-Handelns und damit nach unserer Verantwortung als Ingenieure am Bau gefragt. Darüber steht nichts in unseren Normen. Glücklicherweise! Das ist nicht ganz zutreffend, muss ich nachschieben: VDI-Richtlinien wie die zur Technikbewertung und andere existieren. Ich habe jedoch in meiner jahrzehntelangen beratenden, planenden und prüfenden Berufstätigkeit niemanden getroffen, der sich in heißen Projektdiskussionen auch nur ein Mal auf sie bezogen oder gar abgestützt hätte. Sie sind wenig verbreitet und so abgefasst, dass der Griff nach ihnen für uns in der Praxis nicht selbstverständlich geworden ist.

Immer wieder werden wir vor ähnliche Probleme wie den geschilderten stehen. Es wird zu ihrem Erkennen und ihrer Lösung die Phantasie und die Intuition an der Basis gefordert sein. Wir stoßen beim Entwurf und seiner baureifen Durcharbeitung auf die sich möglicherweise erst später entwickelnden Schwierigkeiten. Wenn wir sie erkennen oder vermuten, gehören sie nicht beiseitegelegt, sondern zur Diskussion gestellt.

Es ist daher ernüchternd und entspricht nicht dem Stand unseres Könnens und Handelns, wenn in überlangen Beiträgen in unseren Fachzeitschriften immer wieder Themen abgehandelt werden, die Bekanntes in neuer Schreibweise und scheinwissenschaftlich verklausuliert wiederholen; jene Fragen jedoch, die uns öffentlich Profil gäben, werden nicht angesprochen, sondern ausgeklammert.

Nochmals zurück zu den obengenannten Beispielen. Ein Ingenieur, der die genannten Schwierigkeiten und deren Folgen erkannt und ernst genommen hätte: Was hätte er tun können oder tun müssen, um seine Arbeit verantwortungsvoll weiterzuführen? Hätte er nach der Rückweisung seiner Bedenken durch den Auftraggeber das Projekt zurückgeben oder unberührt von allem weiterplanen sollen? Oder hätte er neue Wege und Lösungen suchen sollen, um damit wenigstens Teile der eigenen Bedenken in seiner Planung auszuräumen, wie dies der Akustiker im Fall des Großraumbüros tat? Die Rückgabe des Auftrages bedeutet zumindest finanziellen Verlust, der die Plätze der Mitarbeiter, für die wir soziale Verantwortung als Arbeitgeber tragen, gefährdet. Eigene weiterführende Untersuchungen sind ebenfalls kostenträchtig; solche „Sonderuntersuchungen“ werden nur von verantwortungsvoll handelnden Auftraggebern zusätzlich vergütet. Diese gibt es, doch sie sind selten. Und den leichtesten, den Weg des unberührten Weiterplanens einschlagen? Er ist auf allen Ebenen sehr zeitgemäß, doch damit nicht gut und nicht richtig: Es ist der Weg der „faulen Kompromisse“, des „kleinsten gemeinsamen Nenners“ oder des „eine Hand wäscht die andere“. Jeder von uns findet sich irgendwann in solch vertrackter Situation, die er für sich lösen muss. Dazu ist neben fachlichem Können auch Stehvermögen, Überzeugungskraft und vor allem Zivilcourage gefragt.

Wie stellen wir uns dar? Ingenieurtätigkeit wird als gehobenes Handwerk gesehen; das zeigt ihre Wertung in der Öffentlichkeit und bei Honorarverhandlungen vor allem mit der Öffentlichen Hand. Sie zeitigt jedoch großartige Ergebnisse mit jenen äußerst spektakulär erscheinenden Formen und Funktionen, die das Endstück einer langen und schwierigen Entwicklung sind. Die Unterschätzung unseres Tuns ist eine Folge der Überbetonung der Form des Endproduktes; es wird nicht nachgefragt und selten erklärt, warum oder wie es zu dieser gekommen ist. Wäre es so, dann beurteilten wir beispielsweise die ingenieurtechnische Leistung bei der Herstellung eines großen Tunnels im quellenden Gebirge zutreffender und nähmen das Endprodukt nicht als selbstverständlich hin. Doch hat ein Tunnel wie so manch andere ingenieurtechnische Großtat den Nachteil, keine hervorstechende Form zu zeigen.

Es fällt schwer, die Vielfalt der Ingenieurleistungen zu einem Gesamtbild zu verschmelzen. Solange es bei der Schieflage der alleinigen Betonung des Gestalterischen bleibt, wird unser Werk am Ende immer vermehrt den Architekten zugeschlagen werden. Um ein Werk insgesamt zu beurteilen, müssen Form, Funktion, Festigkeit und Fertigung oder Fügung zusammen mit der Einpassung des Bauwerks in seine Umgebung gewertet werden.

Diese Matrix lässt sich an zwei von vielen Beispielen überprüfen: Über die Gestaltung der Mautbrücken auf unseren Autobahnen könnte trefflich gestritten werden. Tut es jemand? Diese Anlagen sind reine Zweckbauten, nach deren Aussehen niemand fragt, Hauptsache, sie arbeiten reibungslos. Stattdessen bemäkeln wir nach wie vor die Form der überführenden Straßenbrücken.

Windräder sind gut geformt; aber die für Gestaltung sich zuständig Wähnenden schweigen zur landschaftlichen Entwertung von Flachland und Bergrücken. Ideologie ist angesagt, wer reibt sich schon gerne daran! Dies ist ein Fall, der auch gut in die weiter oben geschilderten Verantwortungsbereiche passte.

Diese kurzen Hinweise sollen zeigen, wie diffus und ohne Konturen unsere Stellung ist. Wir werden oft um unsere vielseitigen Aufgaben beneidet. Andererseits bekümmert uns, dass „Lob“ ausbleibt; so fühlen wir uns schlecht beurteilt und behandelt. Da stellt sich die Frage: Was tun wir selbst für unser Bild in der Öffentlichkeit? Unser ständiges Mäkeln darüber ist keine Lösung. In die Politik zu gehen, wird kaum weiterhelfen; wenig Wirkung zeigen die wenigen Techniker in den Parlamenten. Ob eine größere Zahl mehr erreichte? Könnte sich etwas bessern, wenn sich Ingenieur-Anwälte oder Ingenieur-Notare herausbilden, ähnlich den Wirtschaftsingenieuren oder Patentanwälten? Oder werden diese dann den nicht-technischen Teil des Berufstitels betonen und uns weiter einengen?

Entscheidet sich ein junger Mensch für den Ingenieurberuf, so gerät er seit längerem in den Verdacht, kein besorgtes Gespür für Schöngeistiges, Soziales oder Ökologie zu besitzen. Wir haben in der Tat keine griffigen Schlagworte erdacht, um unser Tun zu kennzeichnen. Unser Werk ist im Innern zum einen Teil Sammlung, Bündelung und Führung von Kräften aller Art, zum anderen sind es Sicherheit, Gebrauchstauglichkeit und Dauerhaftigkeit. Dies alles sind nicht sichtbare, sondern nur erfahrbare Qualitäten unseres Handels! Die endgültige, hiervon mitbestimmte äußere Form des weiter oben erwähnten Endproduktes spiegelt davon für viele wenig wider.

Unsere Konstruktionen haben scheinbar keinen Stil, der Zeichen der Zeit enthält und sich mit dieser verändert. Daher werden sie vielfach usurpiert, was wir sprachlos zulassen. Konstruktionen werden eingepasst in Postmoderne, Dekonstruktivismus, Neue Moderne usw.; sie werden von fremder Hand verbogen. Wir lassen sie uns entwinden, anstatt auf Herausforderungen zu reagieren und konsequent Eigenes zu formen.

Unsere Werke werden der Architekturkritik unterzogen, obwohl es dieser an Verständnis und Vokabular für eine zutreffende Gesamtbewertung ermangelt. Wir selbst äußern uns aus einem Blickwinkel der kritischen Betrachtung nicht. Dies hat seinen Grund darin, dass wir keine Kritik üben, wie sie jede andere Kunstrichtung kennt. Erst eine seriöse, fundierte Kritik, die ja wahrlich nicht als Nestbeschmutzung zu sehen ist, wiese auf uns hin.

Zur besseren Ausleuchtung unserer Ingenieurleistungen braucht es literarische und historische Anstrengungen und Orientierungen. Diese Gebiete liegen bei uns insgesamt sehr im Argen. Mein Klagelied über die an Zahl immer kleiner werdende Leserschaft, das ich als langjähriger Schriftleiter gesungen habe, will ich nicht wiederholen. Doch sind in letzter Zeit Buchpublikationen zu unserem Beruf erschienen, deren wirklich nicht große Auflage eines Tages in Resten versandet und makuliert wird.

Die Unkenntnis der eigenen Literatur macht viele Ingenieure sprachlos. Zahlreiche Gespräche haben mir immer wieder ein geringes Interesse daran, um nicht Desinteresse zu sagen, gezeigt, das mit Zeitmangel allein nicht zu erklären ist. Ist es nicht fragwürdig, einen Beruf auszuüben, dessen Geschichte nicht rezipiert und dessen Leistungen für den Laien nicht oder zu technisch beschrieben werden? Wie kann es befriedigen, beispielsweise Brücken zu entwerfen, ohne wenigstens die Entwicklung auf diesem Gebiet in Ansätzen zu kennen. Die Lehre hierzu ist bei Bauingenieuren immer noch etwas dünn. Ältere Handbücher wie die von *Emperger, Landsberg, Mörsch* und anderen eröffneten mit einem historischen Überblick; solche Publikationen werden nur noch selten verfasst und noch weniger gedruckt. Letzteres ist der Fall, weil die Verlage um die geringe Käuferzahl wissen.

Eine Verschiebung anderer Art ist ebenfalls festzustellen: Nicht von etablierten Technikgeschichte-Institutionen kommen Beiträge, „Hobbyhistoriker" leisten die mühseligen und notwendigen Vorarbeiten, die dann sicher eines Tages „wissenschaftlich" nachgearbeitet werden.

Die Bewältigung des Literarischen wird hier und da in der Übertragung dieser Aufgabe an professionelle Textverfasser gesehen. Ob dies eine Lösung ist, bleibt abzuwarten. Die bisherigen Schilderungen in den Beilagen großer Tageszeitungen lassen die Fixierung auf wenige spektakuläre Schwerpunkte und Beteiligte erkennen, was unserem Beruf sicher zugutekommt, aber nur ein kleines Teilbild von ihm gibt.

„Wer schreibt, der bleibt" ist ein fragwürdiges Sprichwort. Die Spreu wird sich im Laufe der Zeit immer vom Weizen trennen. Besser hieße es vielleicht „Wer schreibt, der ist". Dies ist notwendig in einer Gesellschaft, die überflutet wird von Informationen; die jedoch nur als Seiend wahrnimmt, was sich ständig darstellt.

Die Ingenieure am Bau haben eine lange Tradition. Sie können Leistungen vorweisen, die mehr als respektabel sind. Sie werden künftig noch mehr gebraucht werden als bisher. Wer sonst soll und wird die Probleme der technischen Infrastruktur lösen? Das überspülte New Orleans ist ein Menetekel, das wir bedenken sollten. Verkehr, Versorgung und Bauwerke aller Art bedürfen primär der Ingenieurleistungen und nicht der juristischen Ersatzleistungen. Wir müssen uns öffnen zu einer verbesserten Zusammenarbeit mit anderen Professionen bis hin zu Psychologen, um beispielsweise Verkehrsprobleme – wie viel Tunnellänge erträgt denn der Mensch? – zukunftsorientiert zu lösen. Um zu überleben, müssen wir härter arbeiten als die immer größer werdende Konkurrenz aus dem Nahen und Fernen Osten. Nach dem Zweiten Weltkrieg bereicherte unsere Bautechnik die in der ganzen Welt. *Hans Wittfoht* hat darüber als „Brückenbauer aus Leidenschaft", so der Titel seines Buches, berichtet. Heute vergeuden hochqualifizierte Ingenieure ihre kostbare Zeit mit dem Formulieren von gewichtigen, doch morgen bereits überholten Texten für Normenfolianten.

Das Wegbrechen des Ingenieurnachwuchses ist beängstigend. Er hat keine Möglichkeit, sich beispielsweise über Ingenieure am Bau zu informieren; es fehlen für interessierte Laien geschriebene Artikel, es fehlt eine Zeitschrift, die am Kiosk aushängt. Warum gründen wir nicht eine solche, die verständlich und nicht auf unser Land beschränkt über das Ingenieurwesen berichtet. Sie wäre nicht Konkurrenz zum Deutschen Ingenieurblatt, zu den VDI-Nachrichten und schon gar nicht zu den Fachzeitschriften, wenn sie vor allem die Bildreportage pflegte. Wäre das nichts für den VBI und andere Ingenieurverbände, so etwas finanziell auf den Weg zu bringen? Ein Ingenieurmagazin, das am Kiosk aushängt und gekauft wird: Lehrer könnten es nutzen, Private es durchblättern – zu Hause, im Zug oder in den Wartezimmern der Ärzte. Nur auf diese Weise bliebe etwas von uns in den Köpfen der Leser hängen. Das Bild der Ingenieure kann Profil gewinnen, sie werden wahrgenommen. Allerdings müssten die Geldgeber die Größe aufbringen, nicht fachlichen Einfluss ausüben zu wollen.

Diese Zurückhaltung habe ich erfahren, als ich 1986 dem Verlag Ernst & Sohn in Berlin die Einrichtung eines alle zwei Jahre auszulobenden Ingenieurbau-Preises vorschlug. Er griff die Idee schnell auf und hat ihn dieses Jahr zum 10. Mal vergeben. Jahre zuvor hatte ich dem VBI-Präsidium den gleichen Vorschlag gemacht, doch nicht einmal eine Antwort erhalten. In letzter Zeit hat der Ernst & Sohn-Preis Nachahmer gefunden.

Wir müssen uns bewegen, wenn wir wahrgenommen werden wollen!

Dies haben wir getan, indem wir – acht Ingenieure aus Deutschland, Österreich und der Schweiz – uns zur Abfassung eines Aufrufs zusammengefunden haben. Er entstand aus Sorge um unseren Beruf und will gegen die „Lethargie“ angehen (s. *Bautechnik 83* (2006), H. 10, S. 737f).

Ich habe von Erfahrungen, Gedanken und Überlegungen in meinem Berufsleben kurz berichtet, in der Hoffnung, anzuregen zum kritischen Überdenken unserer Situation als Bauingenieure.

Ingenieur und Baustil – gibt es das?

Rede zum 17. Bayrischen Ingenieuretag 2009

Ingenieur und Baustil – gibt es das? Lassen Sie mich einige Gedanken zu einem Thema vortragen, über das wir Ingenieure nie oder äußerst selten diskutieren.

Wovon ich Ihnen erzählen und womit ich Sie zum Mit- und Nachdenken mitnehmen will, auch unter dem Risiko meines Scheiterns, ist aus zunehmender Berufserfahrung, aus der kritischer werdenden Betrachtung meiner alltäglichen Arbeit als planender, prüfender und gutachtender Bauingenieur heraus entstanden. 25 Jahre als Schriftleiter der ältesten deutschen Bauingenieurzeitschrift „*Beton- und Stahlbetonbau*" haben meinen Blick geweitet, aber mich auch nachdenklich gemacht.

... Was bewegt mich?
... Kurz formuliert: Wo und wie stehen wir in unserer Bauingenieurgeschichte, die etwa um 1800 beginnt?
... Wie bauen wir?
... Gibt es so etwas wie eine unserem Tun unterlegte „Philosophie"?
... Gibt es eigene Stile des Bauens, des Gestaltens, oder besser und etwas spezieller gesagt: des Konstruierens?
... *Konstruieren heißt auch gestalten, Form geben!*

Wenn wir versuchen, die letzte Frage zu beantworten, scheinen sich Schwierigkeiten aufzutürmen: Der Beruf des Bauingenieurs ist in viele Bereiche aufgefächert, zunächst erscheint uns nur einer als Übungsplatz für die Beantwortung geeignet: der Hochbau. Bei diesem dominieren wir jedoch weniger als die Architekten. Der Brückenbau dagegen spielt sich ebenfalls in aller Öffentlichkeit und ausschließlich von uns geprägt ab. Wo sind wir noch zugegen?

In großem Maße betreiben wir die Ausbildung und den Unterhalt der Verkehrs- und Ver- und Entsorgungsinfrastruktur. Die Verkehrswege lassen ihre Nutzer Städte und Landschaften erleben oder erleiden; in den Tunnelbauten wird künstlich aufgehellte Dunkelheit und rigide Spurführung auf immer länger werdenden Strecken zugemutet; Ampelanlagen regeln den Verkehr und bewirken Pawlowsches Reflexverhalten; bei hohen Brücken wird dem Sprung der Verzweifelten mit gewaltigen Schutzvorrichtungen vorgebeugt, welche zudem vielen über die Brücke Fahrenden den angstvollen Blick ins Unbegrenzte ersparen. Nicht nur der Architekt wirkt, im Städte- und Wohnungsbau, auf das Befinden der Bewohner ein, wir tun es ebenfalls. Das sind Anforderungen an uns, denen wir unsere Aufmerksamkeit geben müssen und deren Einbeziehung in unser Planen notwendig ist.

Ingenieur und Baustil – gibt es das? Doch hier soll der Frage nach unserem Baustil nachgegangen werden.

... Kennzeichnet ein solcher durch eine besondere „Handschrift“ oder ausdrucksstarke Formen, die abhängig von Einzelnen, ein Spiegel der Zeit, der Generation, des Materials sind, unsere Werke?
... Oder sind diese, unabhängig davon, personell und zeitlich invariant?
... Und: Ist für alle von uns dominierten Bereiche eine zutreffende Antwort möglich?

Schauen wir uns etwas bei den bauenden Ingenieuren um, die eine Handschrift, einen Stil im Sinne einer Einheit im Ausdruck der Formen entwickelt haben, welche aus theoretischen, ästhetischen, materialtypischen oder zeitbedingten Erwägungen heraus entstanden sind.

Als erstes Beispiel soll der Ingenieur *Arthur Vierendeel* (1852–1940) genannt werden. Er entwickelt eine neue Form, die er zunächst im Brückenbau einsetzt. Sein erstes Patent von 1896 beschreibt diese: Aus dem Fachwerkträger werden die Diagonalen herausgenommen; es bleiben die Gurte oben und unten sowie die sie verbindenden Pfosten übrig. Keine Diagonale durchkreuzt mehr die Öffnungen des Trägers. Aus dem Fachwerkträger wird ein durchlässiger Rahmenträger mit offenen Gefachen. Die günstige Führung der Kräfte im Fachwerk mit Hilfe der schrägen Stäbe wird aufgegeben; dafür müssen Biegemomente in den verbleibenden Pfosten und Gurten einspringen. Ihre Abmessungen werden größer, die neuen Träger wirken – und sind auch – schwerer. Eine erste Brücke in diesem System überspannt 1902 die Schelde. Im Hochbau finden diese großen, freie Öffnungen bietenden Träger ebenfalls Eingang. 1933 wird ein 280 Meter hoher, aus vier Stielen und horizontalen Riegeln geformter, erst 1979 demontierter, abgespannter Funkmast errichtet.

1907 schrieb der Kunsthistoriker *Alfred Gotthold Meyer* (Eiserne Bauten – Ihre Geschichte und Ästhetik) hierzu: „Vierendeel hat sehr merkwürdige Träger konstruiert, ohne Diagonale, die aber von keiner Seite anerkannt worden sind.“

Ganz so war es nun doch nicht. In einem Vortrag von 1911, „Monumentale Kunst und Industriebau“, untermauert der Architekt *Walter Gropius* seine Ausführungen unter anderem mit einer Vierendeel-Brücke: „Hier hat offenbar auch schon der Ingenieur das Bedürfnis empfunden, die wirren dünnen Eisenstäbe zu sammeln und breitere Bänder daraus zu machen, das Labyrinth der mechanischen Zug- und Druckkraft ist nicht zum Ausdruck gebracht. Sie spielen sich unsichtbar im Innern der Blechträger ab ...“.

Walter Gropius scheint die neue Trägerform zu akzeptieren. Sie führt letzten Endes zum nicht ausgesteiften Skelettbau. Nach Vierendeels erster Veröffentlichung der neuen Theorie zur Berechnung dieser Träger (1896) setzt eine Flut von Untersuchungen zu diesen Rahmentragwerken aus Stahl und dem neuen Baustoff Beton seitens der

Bild 1a und 1b Erste Vierendeel-Brücke

Bild 2a und 2b Funkmast System Vierendeel

Bild 3 Maillart, Salginatobel-Brücke

Ingenieure ein. Sie verwenden das Vierendeelsystem vor allem im Hoch- und Industriebau. Wenn wir heute in einem Großraumwagen der Deutschen Bahn die großen Fenster und die schmalen Pfosten dazwischen als angenehm empfinden, verdanken wir dies Vierendeels Idee. Bei den Bullaugen in einem Flugzeugrumpf ist es ebenso. Am Anfang dieser heute Allgemeingut gewordenen Formen steht Vierendeels „Fachwerk ohne Diagonalen". Er selbst hatte seine Arbeit, die sich nicht nur auf diese Rahmenwerke bezog, unter das Motto gestellt: „Le rationnel qui n'est pas beau, n'est pas le rationnel complet" (Das Zweckmäßige, das nicht schön ist, ist nicht vollständig).

Ich möchte nochmals *Walter Gropius* aus dem oben genannten Beitrag von 1911 zitieren: „Die Technik muss selbstverständlich ungehindert ihren Weg gehen, und sollte sich auch die große Utopie des Ingenieurs, die Herstellung durchsichtigen Eisens erfüllen, müsste doch der Architekt Mittel und Wege finden, Körper und Räume daraus zu schaffen". Ingenieure und Glasindustrie haben aus dem spröden, leicht brechenden Stoff Glas einen Werkstoff für tragende Elemente in Form von Platte, Scheibe, Träger gemacht. Unzählige gute wie mäßig ausgebildete riesige Fassaden, Decken, Treppen, Brüstungen und kleine Brücken zeigen es. In den letzten Jahren hat *Werner Sobek* vollständig aus Glas konstruierte und gestaltete Wohnhäuser geplant und gebaut; ihre optische Durchlässigkeit ist völlig ungewohnt für unser Sinnesgefüge.

Ein neuer Stil Ein neuer Stil ist entstanden, den der durchsichtige Werkstoff Glas ermöglicht; etwas, wovon jene Architekten und Künstler, zu denen auch *Gropius* gehörte, die um 1920 „Die Briefe der gläsernen Kette" verfassten und darin ihre Utopien und Phantasien ausbreiteten, nur träumen konnten.

Robert Maillart (1872–1940) veränderte den isolierten, linearen Zusammenbau von Bogen, Balken, Platten und Stützen bei der Errichtung von Brücken oder Deckensystemen.

Bild 4 Menn, Ganterbrücke

Bei seinen Brücken sind die gleichen, notwendigen Tragelemente körperhaft miteinander verbunden, als wären sie aus einem Guss. Jedes einzelne Element beteiligt sich wie in einem homogenen Körper mehrfach an der Abtragung der Lasten. Fahrbahnbalken und Bogen sind häufig aus U-förmig gefalteten Platten geformt, deren Abkantungen Steifigkeit und günstiges Tragverhalten für das schlanke Gesamtbauwerk liefern.

Die Spannung, das Kühne und die Leichtigkeit, die seine wie aus einem Stück geschnittenen Bogenbrücken ausdrücken, sind Atem nehmend. An zahlreichen Brücken, nicht alle Entwürfe haben seinerzeit die Zustimmung der beim Massiven verharrenden Preisgerichte gefunden, variiert er die Steifigkeitsverhältnisse zwischen dem mit massiven Brüstungen versehenen Fahrbahnträger und dem stützenden Bogen, bis letzterer sich dem Betrachter in beängstigend geringer Dicke zeigt. Die nach außen sichtbar gemachten Last- und Kraftverteilungen ergeben spannungsreiche Formenverteilungen mit unterschiedlicher Wirkung. Hat man eine dieser Brücken aufmerksam studiert, erkennt man in der Folge unzweifelhaft die Handschrift *Maillarts*.

Christian Menn übernimmt *Maillarts* Grundsätze und entwickelt sie weiter. Hier soll die Ganterbrücke genannt werden, deren vorgespannte Betonsegel, stellt man die Brücke auf den Kopf, zusammen mit dem Fahrbahnträger an Maillarts Dreigelenk-Bogenbrücken erinnern. Hommage à Maillart?

Erinnert sei an einen Vorläufer: Erste umfangreiche Untersuchungen zu diesem Austarieren von Lasten und Kräften und damit von Linien und Flächen hatte der österreichische Ingenieur *Josef Langer* bereits fünfzig Jahre zuvor, um 1860, veröffentlicht: Er wollte „die Versteifung der natürlichen Stütz- und Kettenlinie (Bogen und Hängeseil) durch Gitterstreben mit dem mindesten Materialaufwand“ erreichen. Für diesen Ansatz und seine Folgen ist *Josef Langer* kaum noch bekannt.

Tradition, Form und Freiheit 1938 schrieb *Maillart*, wohl auch im Rückblick auf seine Werke formuliert: „Möge sich also der Ingenieur von den durch die Tradition der älteren Baustoffe gegebenen Formen lösen, um in voller Freiheit und mit dem Blick auf das Ganze die zweckmäßigste Materialausnutzung zu erzielen. Vielleicht erreichen wir dann, wie im Flugzeug- und Automobilbau, auch Schönes, einen neuen materialgemäßen Stil.“ Den hat er im Betonbau wahrlich geschaffen.

Hellmut Homberg ist nach dem Zweiten Weltkrieg eng mit der Entwicklung der Schrägseilbrücken verbunden. Zu seinen Entwurfsgrundsätzen zählt, „... die Lasten auf kürzestem Weg in die Gründung führen, so einfach bauen wie es geht, daraus ergibt sich zwangsläufig eine schöne und wirtschaftliche Konstruktion“. Auf ihn geht die Vielseil-Schrägabspannung in einer Ebene, in der Mittelachse der weit, bis über 400 Meter spannenden Schrägseilbrücken zurück. Die neue Millau-Brücke hat ihren Vorläufer, wenn

Bild 5 Homberg, Neuwied

Bild 6 Calatrava, Sevilla

Bild 7 J. Schlaich, Kiel

auch nur mit einem Pylon, in der Schrägseilbrücke Neuwied (1978) über den Rhein, bei der *Homberg* maßgebend beteiligt war. Seine Konstruktionen wirken bestechend einfach, man könnte die eine oder andere auch als karg oder minimalistisch charakterisieren: keine Kraftumwege oder Kraftspreizungen, keine Applikationen versüßen oder verbrämen die strenge Führung der Kräfte.

Anders dagegen *Santiago Calatrava*, der seine technischen Formen zum Teil aus organischen wie Schwingen und Knochen herleitet und mit phantasiereichen Kraftumwegen, also im völligen Gegensatz zu *Hombergs* Credo, skulpturale Konstruktionen erschafft, die nicht immer harmonisch, das heißt sich im Gleichgewicht von Form und Kraft befindend, auf uns wirken: Die wie ein Bumerang konstruierte Schrägseilbrücke in Sevilla, deren liegender Schenkel mühsam, so scheint es, den abstehenden Schenkel, den Pylon, mit Seilen am Umfallen hindert und nicht von ihm über dem Fluss gehalten wird, irritiert nicht nur viele Ingenieure. Doch sei es wie es will: Seine Handschrift ist bei Form und Material unverkennbar.

Jörg Schlaich hat seine Vorstellungen vom konstruktiven Bauen bei den leichten Glas-Stahl-Schalendächern und vor allem bei den filigranen Fußgängerbrücken unter den Grundsatz „Leicht und Weit" gestellt, den er überwiegend mit dem Werkstoff Stahl verwirklicht und bis zu seinen Grenzen hin abtastet. Beispiele hierfür sind die Überdachung und die Brücken des Hauptbahnhofs Berlin und die Klappbrücke in Kiel.

Er war als Mitarbeiter von *Fritz Leonhardt* mit dem Olympiazelt München betraut, womit er in die Gedankenwelt *Frei Ottos* eintrat, der den Leichtbauten seine ganze Forschung über Zelte, Membranen, Netze gewidmet und gegen zunächst viele Vorbehalte durchgesetzt hat. Als Begründer der Leichtbauweise ist der russische Ingenieur *Vladimir Suchow* (1853–1939) zu sehen.

Damit soll der kurze, äußerst unvollständige Überblick über Ingenieure, die einen Stil angestoßen oder weiterentwickelt haben, genügen. Viele Namen wären noch zu nennen: *Heinz Isler* und seine Betonschalen; *Pier Luigi Nervi* und seine Tribünen, Hallen und Kuppeln aus Beton; *Ferdinand Arnodin* und die heute noch in den großen Portalkranen der Welthäfen weiterlebenden Schwebefähren, deren Urväter in Portugalete, Rochefort, Newport Osten noch zu besichtigen sind. *Maillarts* und *Vierendeels* Anstöße sind in viele Formen der Platten, der Bögen, der Rahmenwerke eingegangen, ohne dass es den meisten Ingenieuren und Architekten bewusst ist. Sie haben wie *Homberg, Menn, Calatrava, Schlaich* u. a. unverkennbare Handschriften entwickelt und Nachahmer gefunden, von denen viele allerdings schlechte Kopisten sind.

Neue Wege zur Gestaltung Die Beiträge der genannten Ingenieure umfassen Formen und Material, beruhen auf theoretischen Untersuchungen, sie sind Ausdruck der jeweiligen Zeit: des Aufschwungs der Industrie, der Eisenbahnen und des Eisen- und Betonbaus im ausgehenden 19. und beginnenden 20. Jahrhundert sowie der kargen Zeiten nach dem Ersten und Zweiten Weltkrieg. Auch *Maillarts* Brückenbauten sind vom Denken in Kosten beeinflusst, was man kaum vermuten möchte. Nach dem Zweiten Weltkrieg folgen der Wiederaufbau und ein Anstieg des Wohlstands. Gewaltige Entwicklungsschübe bei den Bau- und Werkstoffen und in den Theorien zur Berechnung eröffnen völlig neue Wege zur Gestaltung der Konstruktionen.

Und zurzeit? Freie Formen, wie die BMW-Welt in München, sind en vogue. Tragsysteme, die wenigstens die

Bild 8 Millau, schiere Größe

Wirkung der Gravitation erahnen ließen, werden möglichst vermieden. Es sind chaotische, fraktale, diffuse, beliebige Formen, die unsere Zeit spiegeln. Der Beitrag der Ingenieure besteht im mühevollen Manipulieren des statisch und konstruktiv unabdingbar Notwendigen, um noch mögliche Gleichgewichtszustände der Kräfte ausfindig zu machen, die solche Gebilde trotz allem „Freien" auch brauchen. Eine bindungslose und enthemmte, auf das Gleichgewicht der Kräfte verzichten wollende Formgebung ist nicht machbar. Wenn ein solcher Zustand des Gleichgewichts sich nicht nach außen zeigt, innerlich jedoch erzwungen ist, dann stimmt die Harmonie, verstanden als ausgewogenes Verhältnis von Raum, Form und Kraft nicht. Wir haben dann einen Zustand, dem *Hans Sedlmayer* 1948 mit seinem Buch „von der Bildenden Kunst des 19. und 20. Jahrhunderts als Symptom und Symbol der Zeit" den Titel „Verlust der Mitte" gegeben hat: „Fort von der Mitte zum Exzentrischen, fort vom menschlichen Maß und vom Menschen ...". Fort vom Gleichgewicht der Kräfte und der materialgemäßen Formgebung, möchte man hinzufügen.

Beispiele aus dem Brückenbau Ein Beispiel aus dem Brückenbau will ich heranziehen: Die Brücke von Millau mit ihren die Höhe des Eiffelturms erreichenden oder gar überschreitenden Pfeilern bildet, wird sie von der Stadt oder aus ihrer näheren Umgebung gesehen, einen stählernen Riegel vor einer in Millionen Jahren gewachsenen gebirgigen Landschaft. Das Bauwerk durchschneidet auf drei Kilometern Länge diese Silhouette. Sind solche gigantischen Dimensionen unserer Bauwerke für jeden Ort geeignet? Rechtfertigt die seinerzeitige Begründung, man überbrücke nicht nur einen Fluss sondern verbinde zwei Plateaus, das Endprodukt? Ist das nicht eine Frage des Stils? Andererseits verblüfft das Argument des mitwirkenden Architekten *Foster* bei der Vorstellung des Projektes: Wer von uns wäre denn auf die allem übergeordnete Begründung „Verbindung zweier Plateaus" gekommen? Sie ist gut gewählt, damit werden unsere üblichen Argumente wie Berechnung, Wirtschaftlichkeit, Montage usw. zunächst zugunsten einer neuen Vision zurückgestellt.

Es kann auch anders zugehen, dazu ein Beispiel aus der Oktober-Nummer 2008 der Zeitschrift „*Baumeister*". Dort wird in einem abgedruckten Gespräch geäußert: „Wenn man argumentiert, man müsse den Kraftverlauf sehen können, argumentiert man als Ingenieur auf sehr niedrigem Niveau. Denn so entwickeln sie pädagogische Kinderspielzeuge für Leute, die etwas verstehen sollen, was sehr komplex ist. Schön ist ja beim Fachwerk auch etwas anderes. Die Firth-of-Forth-Brücke sieht aus wie ein Dinosaurier – manche Architekten und auch Bauingenieure fahren auf solche Bauwerke total ab."

Diese Position kann man beziehen; die Frage ist, ob sie sich eignet unser Tun zutreffend zu beschreiben, wie wir es anstreben. Mit der Ausflucht „sehr komplex" wird suggeriert, unser Tun sei nicht mit einfachen Worten und For-

Bild 9a und 9b Firth of Forth, Montage

mulierungen auszudrücken. Da sei der Philosoph *Karl R. Popper* vor, der sich zu diesem Thema, der Beschreibung von komplizierten Zusammenhängen mit einfachen Worten, klar und deutlich geäußert hat.

Wie ließe sich von diesem Bauwerk erzählen, für den interessierten Laien und nicht jenen, dem es gleichgültig ist. Ich will es ganz kurz versuchen und damit Weiteres herbeiziehen:

Am 28. Dezember 1879 war die Tay-Brücke, nicht weit von der späteren Firth-of-Forth-Brücke entfernt, bei einem schweren Sturm eingestürzt und hatte einen ganzen Personenzug mit sich gerissen, *Theodor Fontane, Max Eyth* und *A. J. Cronin* haben das Unglück literarisch verarbeitet. Für das neue Projekt über den breiten Firth-of-Forth sah man große Risiken in den seinerzeit noch wenig erforschten Windlasten, in unsicheren Gründungsverhältnissen und Meeresströmungen. Große Öffnungen von über 500 Meter Breite waren für die Schifffahrt notwendig, Die Ingenieure *Baker* und *Fowler* entschieden sich für eine handfeste Lösung: eine Auslegerbrücke, Sie stellten große stählerne Böcke auf eigene Inseln und bauten dann im freien Vorbau die beidseitig des Bockes über 200 Meter weit auskragenden Auslegerarme, die sie mit einem Zwischenträger an den nächsten Auslegerarm anbanden. Die Brückenfreigabe war 1890. Ein gewaltiges Bauwerk ist es ganz sicher. Es ist ein Meilenstein in der Entwicklungsgeschichte des Brückenbaus, speziell der Auslegerbrücken, die weltweit entstanden sind.

Bild 10 Firth of Forth, Luftbild

In Sichtweite dieser Brücke, so ließe sich weiter ausführen, überspannt eine Hängebrücke mit einer freien Weite von gut 1000 Metern den Fjord.

In den 60er Jahren des 20. Jahrhunderts erbaut, ist sie gegen die Eisenbahnbrücke äußerst schlank. Da beide Brücken völlig unterschiedliche Formen aufweisen, wird der neugierige Laie fragen, warum die eine so wuchtig und die andere so schlank sei. Das hängt ja nun tatsächlich von den Kräften ab, wie man sie in der Konstruktion sammelt, bündelt und führt, ferner von den zur Bauzeit verfügbaren Werkstoffen, den Berechnungsverfahren, den Montagehilfen und nicht zuletzt von den unterschiedlichen Verkehrslasten.

Man kann erläutern, dass der Träger der Hängebrücke ein nach amerikanischer Bauart ausgeführtes Fachwerksystem ist. Dieses soll helfen, den für die Brücken gefährlichen Seitenwind aufzunehmen und zu beherrschen, was die alte Brücke mit ihren seitlich gespreizten Böcken deutlich zeigt. Unter lang anhaltendem Seitenwind war seinerzeit die Tacoma-Katastrophe eingetreten, eine Hängebrücke geriet bei lang anhaltendem Seitenwind in Schwingungen und stürzte ein. Man kann weiter ausführen, wie *Fritz Leonhardt*, als Folgerung daraus, mit einem aerodynamisch günstigen Brückenquerschnitt anstelle des Fachwerks dem gefährlichen, Schwingungen erzeugenden Seitenwind begegnen wollte. Er führte völlig neue Überlegungen ein, die zu neuen Formen bei Hänge- und auch Schrägseilbrücken führten.

Das soll genügen für eine grobe Beschreibung. Ich habe versucht, ohne Zahlen und mit wenigen speziellen Begriffen zu erzählen. Wenn wir mit Begeisterung für unsere Werke, mit etwas Kenntnis der geschichtlichen Entwicklung und der Zuordnung der Bauwerke berichten, ohne in stotternd aufgeführte, dem Laien unverständliche Fach-Details zu verfallen, dann werden wir überzeugend darstellen, was wir tun. Und man wird uns zuhören. Es sind viele, die uns um unsere Aufgaben beneiden, das erfährt man bei zahlreichen Anlässen. Den Roman- und Drehbuchautor *Michael Crichton* will ich hierzu aus einem Essay zitieren: „So ist der Rückzug der akademischen Intelligenz vom Erzählen nur ein weiteres Beispiel ihrer radikalen Distanzierung von den Anliegen der gewöhnlichen Welt.“ Wir sollten diese Behauptung als Ingenieur-Theoretiker und als Ingenieur-Praktiker nicht lächelnd beiseiteschieben. Wir schlössen uns vom Mitteilen und Verstanden-werden immer mehr aus.

Verachten wir es nicht: Als Ingenieure den Kräften nachsinnen, sie sammeln, bündeln und führen: Das gilt doch, verallgemeinert, für viele Bereiche des Lebens.

Ingenieur und Baustil – das gibt es! Die im Titel gestellte Frage beantworte ich mit „Ja“. Ingenieure entwickeln typische, wiederzuerkennende Formen aus theoretischen, materialgemäßen und ausführungstechnischen, wirtschaftlichen und ästhetischen Ansätzen heraus. Die Wirtschaftlichkeit hat immer eine große Rolle gespielt und ist die Ursache für viele neue Formen, auch wenn dies nicht gern gehört wird; das Thema wäre eine eigene Darstellung wert. Stets sind die Ergebnisse bezeichnend für ihre Entstehungszeit; sie sind es ganz besonders, wenn einzelne Könner unter uns daraus eine sie kennzeichnende Handschrift entwickelt haben. Nicht jeder von uns kann das, doch zum gedankenlosen Kopisten muss man nicht werden.

Baustil schließt Konstruktionsstil ein! Wenn wir uns dessen bewusst sind, dann müssen wir zu einer Konstruktionskritik kommen und zu Konstruktionsanalysen in der Lage sein. Dies alles, nicht um uns gegenseitig anzuprangern, sondern um uns eine Plattform zu schaffen, auf der wir zunächst uns selbst finden und dann so darstellen, dass uns der interessierte Laie versteht. Veränderungen an unserem oft lethargischen Verhalten, dem Verharren im Speziellen, der Enthaltsamkeit gegenüber unserer berufseigenen Literatur und anderes mehr sind allerdings notwendig.

Der französische Dadaist *Francis Picabia* hat in einem Aphorismus vermerkt: „Unser Kopf ist rund, damit das Denken die Richtung wechseln kann.“ Wir müssen das ab und zu tun, auch wenn wir dabei nicht genormte Pfade gehen.

Brücken Form Konstruktion Kritik

Essay in „Bautechnik“, Februar 2012

Brücken verändern die Landschaft und das Stadtbild, sie können verunstalten und bereichern. Mit den neuen Brücken aus Stahl oder später aus Beton stellte sich die Frage nach ihrem ästhetischen Wert. Die an den Steinbrücken entwickelten Maßstäbe verloren weitgehend ihre Gültigkeit: Die Linie eroberte nun mit den neuartigen Konstruktionen den Raum. Eine Sparte „Kritik“ findet sich weder in der Ausbildung der Bauingenieure noch, von Ausnahmen abgesehen, in ihren Publikationen, obwohl die meisten Brücken eine „Rezension“ verdienten: Der nachfolgende Beitrag ist ein Plädoyer dafür.

1 | Einleitung Jede Kunst, sei es die darstellende, die Musik, die Literatur usw. hat eine sie interpretierende, kritisch beäugende und beurteilende Begleitung in Form einer zugehörigen Kritik. Nicht nur wir Bauingenieure sind völlig zu Recht der Ansicht, dass viele unserer Konstruktionen, vor allem Brücken, der Baukunst – die unteilbar ist, wie *Jörg Schlaich* nicht müde wird zu betonen – voll zuzurechnen sind. Zur Erinnerung: Werke der Architektur sind Werke der Baukunst und nicht dem Berufsstand der Architekten schlechthin zuzurechnen; Architektur ist der Generalbegriff für die Gestaltung des Raumes, von Bauwerken oder Anlagen, unabhängig von der Grundprofession des Gestalters: Ursprünglich war es der Baumeister.

So kann sich unser Berichten über das, was aus unseren Vorstellungen als Werk entspringt, nicht in den rein sachbezogenen Aufsätzen und Vorträgen erschöpfen, wie es die meisten unserer Veröffentlichungen und die Themen auf großen Tagungen auszeichnet. Sie sind nur der eine, notwendige, Teil in der Darstellung unserer Projekte. Diese Werke provozieren ihre Betrachter und uns zu Fragen, und sie verdienen die eingangs erwähnte kritische Auseinandersetzung; eine solche, nennen wir sie Konstruktionskritik [1] als Teil einer umfassenden Architekturkritik, ist unseren Kreisen weitgehend fremd. Sie wird nicht geübt: Sei es, weil „man“ das Werk von Kollegen nicht öffentlich kritisiert, sei es, weil alles „richtig“ gerechnet und konstruiert und das zutreffende Material gewählt ist ...

2 | Der lange Weg einer kritischen Auseinandersetzung Werfen wir einen Blick zurück in die Anfänge der literarisch-kritischen Versuche, die aus den neuen Werkstoffen, vor allem aus Stahl und Beton, errichteten Brücken und Hochbauten zu bewerten. Es geht um eine neue Ästhetik: von der Masse über die Fläche zur Linie, verkürzt: von den Pyramiden über die Steinbauten und das Mauerwerk zu den Fach- und Stabwerken. Die letzte Etappe fordert eine neue Wertung mit neuen Maßstäben. Davon ist letztlich bis heute die Auseinandersetzung geprägt, die etwa Mitte des 19. Jahrhunderts begann.

Von *R. Baumeister*, Professor an der Polytechnischen Schule in Karlsruhe, erscheint 1866 eine „Architektonische Formenlehre“ [2]. Er beklagt die Trennung der Ausbildung in Hochbau und Ingenieurwesen. So gliedert er das für Ingenieure gedachte Buch in „Allgemeine Grundsätze der Baukunst“ und „Anwendung auf den Brückenbau“, wobei zu jener Zeit erst wenige Stahlbrücken berücksichtigt werden konnten, der Steinbau stand noch im Vordergrund und damit die steinernen Widerlager und Pfeiler der neuen Brücken.

Arthur Vierendeel legt 1901 sein gewaltiges Werk „La Construction Architecturale en Fonte, Fer et Acier“ [3] als tausendseitigen Textband vor, der um 133 großformatige, kolorierte Darstellungen ausgeführter Hochbauten erweitert ist; von seinen frühen Rahmenträger-Brücken sind darin keine aufgenommen. Aufschlussreich ist im Textband die Auseinandersetzung mit Eiffels Turm in Paris. Diesem fehle vor allem die Leichtigkeit, das Durchsichtige: „... die vielen kleinen Stäbe vernebeln den Eindruck“; seine Rahmenwerke, er zitiert den von ihm mitgestalteten und entworfenen Turmaufsatz für eine Kirche in Dadizeele, hätten mehr Ruhe und Klarheit gebracht, wobei er die Probleme für die Rahmen bei der weitaus größeren Turmhöhe unerwähnt lässt.

1907 nimmt sich *Adolf Gotthold Meyer*, als Kunsthistoriker an der Königlich Technischen Hochschule Berlin-Charlottenburg lehrend, des Themas „Eisenbauten. Ihre Geschichte und Ästhetik“[4] an. Er beschreibt eingehend die konstruktive, stilistische Entwicklung vom Stein über das Holz zum Stahl für Höhe und Weite, hin zur Gestaltung der linienhaften Brücken-Konstruktionen: vom Vollwand- über den Gitternetz- und Dreiecksverband zum Vierendeel-Träger. Linien sind „luftiges Gerüst der aufgelösten Grenzflächen“. Daraus folgert er eine „Analogie der Linienempfindung: einförmig oder vielteilig, hart oder weich, straff oder lasch“.

Diese Eigenschaften beschäftigen auch bedeutende Künstler: Der Maler *Wassily Kandinsky* greift das Thema beispielhaft auf in einer seiner theoretischen Schriften zur Malerei, in „Punkt und Linie zu Fläche“ schreibt er 1926: „Auf dem benachbarten Gebiete der Kunst – in der Ingenieurkunst und der damit nahe verbundenen Technik – gewinnt die Linie immer mehr an Bedeutung“. Die unterschiedliche „Spannung“ der steigenden und fallenden Linien oder die indifferente Aussage des Punktes als ungerichtetes Kraftzentrum, was in unserem Fall steigende oder fallende Diagonalen oder ein Lager wären, diskutiert er eingehend.

Aus dem mageren Ergebnis eines Preisausschreibens der Königlichen Akademie des Bauwesens in Berlin im Jahr 1908 zum Thema „Abhandlung über die künstlerische Gestaltung von Eisenkonstruktionen im Gebiet der Architektur und des Ingenieurwesens“ werden 1913 die einzigen annehmbaren, mit dem zweiten Preis (ein erster wird nicht vergeben) ausgezeichneten Arbeiten von *Jordan* (Architekt) und *Michel* (Ingenieur) zusammengefasst veröffentlicht [5].

Zu vielen im zweiten Band abgebildeten Objekten werden die unterschiedlichen Empfindungen der beiden Verfasser über Form und Gestalt der Eisenbauten festgehalten. Jordan geht in einem Kapitel „Kritik der Konstruktionsformen" auf die Schwierigkeit ein, Kritik durch Vergleich mit den älteren Holz- und Steinbauten zu üben und hält es für den besten Weg, die verschiedenen Eisenkonstruktionen unter sich zu vergleichen. Teilweise verlaufen sich die Wertungen der beiden Verfasser in zu ausführlichen Aufzählungen von Abmessungen und Details, deren Bedeutung für die kritische Beurteilung des Bauwerks nachrangig ist.

Paul Zucker (Architekt) leitet 1921 sein Buch „Die Brücke. Typologie und Geschichte ihrer künstlerischen Gestaltung" [6] als den Versuch ein, „... die Eigenart der Brücke als eines architektonischen Kunstwerkes zu umgrenzen, die Besonderheit der künstlerischen Aufgabe klarzulegen und aus dem Lauf der geschichtlichen Entwicklung die bedeutenden und wesentlichen Lösungen der Aufgabe hervorzuheben". Die Schwierigkeit, bisher geltende, den Raum ordnende und gestaltende Prinzipien auf neuere Brücken anzuwenden, die den Raum lediglich durchqueren, worauf *Jordan* bereits abgestellt hatte, hebt er heraus und versucht ihr zu begegnen, bleibt jedoch in manchen Schlussfolgerungen den vorbildhaften älteren Steinbrücken verhaftet.

Daran stößt sich der Ingenieur *Friedrich Hermann*, Professor an der Technischen Hochschule Wien, in seiner 1928 erschienenen „Ästhetik im Brückenbau" [7]. Er warnt eingangs davor, sich bei der kritischen Beurteilung nur an die Bilder von Bauwerken zu halten, da fotografische Verzerrungen bei den linienförmigen Brücken zu anderen Eindrücken als unmittelbare Ortsbesichtigungen führten, was er mit Beispielen bildhaft belegt. Lesenswert, auch heute noch, sind große Partien seiner zahlreichen Brückenbeschreibungen.

Mit einer im Einzelnen begründeten Rangliste, die in absteigender Folge Fahrbahn und Geländer, Tragwerk, Pfeiler und Stütze sowie die Ankündigung der Brücke insgesamt und im Verhältnis zueinander erfasst, versucht der Reichsbahnoberrat *Hermann Rukwied* 1933 in „Brückenästhetik" [8] eine Hilfe für die Beurteilung zu formulieren. Er ordnet streng die einzelnen Brückenteile nach der genannten Rangfolge ein; für jedes Teil wird nach der „Idee" gesucht und ihre Umsetzung geprüft. Dies hindert ihn nicht, zu fordern: „Sicherlich ist es erwünscht, dass Leute die Brückenästhetik ergründen, ohne durch technische Erwägungen allzu sehr beschwert zu sein." Voraussetzung hierzu ist: „Man muss sehen können, sehen wollen".

Ein knappes, detailliertes Handbuch geben *Karl Schaechterle* und *Fritz Leonhardt* 1937 mit „Die Gestaltung der Brücken" [9] heraus, das, mit einem Vorwort von *Fritz Todt* versehen, den Planern beim Autobahnbau und den vielen neu zu entwerfenden Brücken eine Hilfe und auch Richtschnur für gute Gestaltung sein soll. Das dem Umfang, aber nicht dem Inhalt nach kleine Werk ist nach wie vor lesenswert.

Nach dem Krieg mit seinen verheerenden Zerstörungen schreiben 1951 *Paul Bonatz* und *Fritz Leonhardt* ein schmales Buch, das, „Brücken" [10] betitelt, mit einer kurzen Geschichte der Brücken beginnt und an eindrucksvollen Beispielen gute Formgebungen aufzeigt. Es ist für den interessierten Laien verfasst und scheint mit „Mögen die ausgewählten Beispiele den Blick für die Schönheit der Brücken öffnen und empfindlich machen für jeden falschen Klang" der zu jener Zeit sich abzeichnenden Gefahr von ausschließlich stranggepressten, kostengünstigsten Formen vorzubeugen. Allerdings konnte die Feststellung „Schönheit liegt nicht im Beiwerk, sondern in der echten, sinnvollen und wahren Grundform, im Einfachen, im Weglassen und Vermeiden alles Willkürlichen, Zufälligen, Modischen... das Einfache, Wahre bleibt" nicht verhindern, dass es bei weniger empfindlichen Antennen oder den der Rationalität allein Aufgeschlossenen zu den dann häufig ausgeführten monotonen Lösungen kam. Doch Hand aufs Herz: In jener Anfangszeit und auch heute noch: Welcher Ingenieur, zerrissen zwischen Ästhetik, neuen Herstellungsmöglichkeiten, Kommerz und Kostendruck hat seine Unschuld in diesen Fragen stets bewahrt?

Die Sicht auf die bislang maßgebenden Einflüsse für eine gute Formgebung verändert der japanische Ingenieur *Kunio Hoshino* 1972 in „Gestaltung von Brücken" [11]. Im Geleitwort zu dieser in Buchform erschienenen Dissertation schreibt *Fritz Leonhardt*: „Er (Kunio Hoshino) kam in mancher Hinsicht zu anderen Erkenntnissen als sie von mir nach rund vierzigjähriger Tätigkeit im Brückenbau vertreten und gelehrt wurden." K.H. formuliert sein Ziel „... deshalb verstehe ich unter Gestaltung von Brücken nicht die Gestaltung der Brücke allein, sondern das Problem, wie sich die Atmosphäre des Raumes mit der Brücke durch den Brückenbau passend gestalten lässt ... Man vergisst auch, dass in dem, was nicht rational ausgedrückt werden kann, oft Wichtiges liegt."

Das sind, zu dieser Zeit, neue Gewichtungen, die im Kulturkreis des Verfassers und in seiner Erziehung gründen. Mit einfachen, fast kalligrafischen Skizzen und knappem Text unterstreicht er die Eigenschaften der Grundformen von Tragwerken und belegt seine Ergebnisse mit den Abbildungen von ausgeführten Bauwerken. Immer spielt der Raum eine entscheidende Rolle. Diese anregende Schrift endet – nach der Kritik an einer lernbaren numerischen Ästhetik, die durch „... was wir Menschen fühlen ist am Wichtigsten" ersetzt werden soll – mit dem Vorschlag, dass der Brückenentwerfer versuchen sollte, seinen „Fühlsinn" zu verfeinern, statt seine Zeit mit der numerischen Ästhetik zu verbringen.

Zehn Jahre später, 1982, erscheint „Brücken – Ästhetik und Gestaltung" [12] von *Fritz Leonhardt*. Das opulente Werk beginnt mit eingehenden Ausführungen zu allgemeinen Grundlagen einer Ästhetik, ihrer Bedeutung und Eigenschaften, ihrer Empfindung durch den Menschen, die Bedeutung von Proportionen und ihrer Beurteilung. Daraus werden Regeln zur Gestaltung abgeleitet, deren Einhaltung keinesfalls für gute Gestaltung ausreicht. Notwendig seien weiterhin Phantasie, Intuition, Formgefühl und Gefühl für Schönheit; letzteres ist sicher sehr von der persönlichen Veranlagung abhängig. Im Kapitel zum Entwurf folgen, fortgeschrieben und auf neu hinzugekommene Brücken abgestimmt, Hinweise auf mögliche, vom Brückentyp abhängige gute Lösungsansätze. Ein umfangreicher Bildteil rundet das Thema ab. Es ist eines der zu dieser Zeit noch wenigen Bücher, das sich an Ingenieure und interessierte Laien wendet.

Aus der Vielzahl der Publikationen über Brücken seitdem, oft sind es mehr oder weniger gelungene Fotobände ohne große Erläuterungsversuche, soll mit den 2007 erschienenen „Fußgängerbrücken" [13] von *Ursula Baus* und *Mike Schlaich* eine umfassende, beachtenswerte Monographie herausgehoben werden. Die Texte nehmen Stellung zur Formgebung: Ausreizen der Leichtigkeit, konstruktive Experimente, der Ruf nach Zeichen, in schöner Landschaft ... sind die Fragen, mit denen sich die Architekturkritikerin und der Bauingenieur auseinandersetzen. Die Fotografien von *Wilfried Dechau* runden den in jeder Hinsicht kenntnisreichen Text zu einer Einheit: ein selten gewordenes Erlebnis für den Leser, sei er Laie oder Bauingenieur.

Aus jahrzehntelanger Erfahrung und mit Zielrichtung Studium und Praxis des Brückenbaus hat *Holger Svensson* „Schrägkabelbrücken – 40 Jahre Erfahrung weltweit" [14] geschrieben. Ein Kapitel dieses Handbuchs widmet er, langjähriger Mitarbeiter von *Fritz Leonhardt*, der Gestaltung. Zehn Regeln stellt er auf, die, nicht nur für junge Ingenieure, erste Hilfe beim Gestalten der Brücke zu geben vermögen. Seine Zusammenfassung dieser Regeln mündet zutreffend knapp in dem Satz: „Eine gut gestaltete Brücke hat ein klares Tragsystem, gut geordnete, harmonische Proportionen, sie passt in ihre Umgebung und ist so einfach wie möglich."

Diese kurze Rückschau, in weiten Schritten hundertfünfzig Jahre durcheilend, soll auf zweierlei verweisen. Zunächst: Die Frage der Ästhetik, der Gestaltung von Brücken aus Eisen und Beton hat sehr rasch zu einer breiten, künstlerischen Auseinandersetzung geführt, mit dem Ziel, das Gestalten mit Hilfe von Regelungen lehr- und lernbar zu machen. Waren es zunächst überwiegend Architekten, die sich des Themas angenommen haben, so ging es im Laufe der Zeit immer mehr auf die Ingenieure über. Natürlich bleiben zwischen den zitierten Quellen zeitlich große Lücken, während derer das Thema nicht ruhte, doch viele dieser nicht genannten Erörterungen zeigen nur Wellenbewegungen auf.

Von wenigen, Hoffnung auf Weiterverbreitung machenden Ausnahmen abgesehen: Es wäre vermessen anzunehmen, das Thema Gestaltung sei in die Bauingenieurausbildung inzwischen voll integriert. Wäre es so, dann müssten Beiträge in Fachzeitschriften und auf Brückentagungen ab und zu etwas davon künden.

Doch weitergehend: Wir versäumen mit jeder nicht stattgefundenen Diskussion und Kritik, auch dann, wenn diese nur in engsten Zirkeln ablaufen, eine Vertiefung unserer Erfahrung und Sicherheit auf dem Gebiet der Gestaltung. Jeder Autor und Künstler stellt sich, wie eingangs erwähnt, mit seinem Werk, das er der Öffentlichkeit übergibt, der Kritik. Diese, in unserem Fall, für Brücken zu formulieren ist für das Feuilleton, für Kunstkritiker und für die meisten Architekturkritiker äußerst schwierig; es fehlt das Verständnis für die Konstruktion als Form gewordener – abstrakt bleibender – Kraftfluss.

Der Entwurf einer Brücke ist zwar zuvor im kleinen Kreis mit Bauherren, mitwirkenden Kollegen und Architekten abgestimmt oder von einem Preisgericht bevorzugt worden. Doch erst die Ausführung, die Großform, lässt sich endgültig beurteilen, im Spiel des Lichtes, in den nun richtig zu sehenden Proportionen, im Zusammenleben mit der Umgebung. Nicht selten wird auch der Urheber dann manches als weniger oder gar nicht gelungen empfinden. Diese Überprüfung, Konstruktionskritik im weitesten Wortsinne in angemessener Form gedruckt oder auf den nicht seltenen Brückentagungen zur Diskussion gestellt, verliehe unserem Beruf mehr Breite, weitete unseren Horizont über das rein Technisch-Sachliche hinaus, gäbe uns ein Gesicht, zeigte uns als Ingenieure, die nicht nur in engen technischen Problemen verstrickt sind. Diese immer enger werdende Verstrickung ist durch die ungeahnten Möglichkeiten bei der numerischen Bearbeitung entstanden, die unsere Blickweite, statt sie auszudehnen, eingeengt haben.

Die nachfolgenden Beispiele sollen die Ausführungen vertiefen und mit einem bei jeder Brücke herausgegriffenen Problem ganz knapp auf bisher (?) versäumte Auseinandersetzungen verweisen.

3 | Kritisch gesehen Bei aufeinander folgenden Bögen entsteht über den Pfeilern ein Knick zwischen einem ab- und dem nächsten aufsteigenden Bogen. Dieser unstetige Verlauf der oberen Umrisslinie der Brücke sollte seinerzeit mit den so genannten Luftbögen (Aufhebung des Horizontalschubs am höher gelegten Bogenende) oder mit klaren Abtrennungen, durch sichtbare Öffnungen über den Pfeilern zwischen zwei Bögen, gemildert werden. In allen zitierten älteren Quellen wird diese Bogenreihung kritisiert. Durchlaufende Brücken mit oben liegendem Bogen wurden daher immer weniger gebaut. Seit 1999 kann man diese unstetige Linienführung und den Versuch, sie aufzuheben oder sie zu mildern, an zwei Eisenbahn-Bogenbrücken überprüfen.

Das Bild 1a zeigt die TGV-Brücke bei Pierrelatte über den Kanal von Donzère südlich von Lyon, eine Zwei-Feld-Bogenbrücke, von Süden. Die Hauptbögen werden mit einem kleinen Bogen, der ihre beiden Hauptscheitel verbindet, zu einem großen, über beide Öffnungen reichenden Gesamtbogen optisch vereint. Den kleinen Überbogen stützende(?) Streben füllen den Zwickelbereich. Da die Seitenwände der Bögen unterschiedlich geneigt sind, also das Licht unterschiedlich reflektiert wird, ist auf der Südseite ein einheitlicher Linienverlauf auch optisch nicht erreicht.

Bild 1a TGV-Brücke bei Pierrelatte, Ansicht von Süden

Bild 1b Ansicht von Norden

Bild 2 Eisenbahnbrücke über den Rhein zwischen Mannheim und Ludwigshafen

Bild 3 Fußgängerbrücke bei der Schleuse Duisburg-Meiderich

Bei gleichem Sonnenstand zeigt das Bild 1b die Wirkung auf der Nordseite. Es entsteht der Eindruck einer großen Einheit, doch die kleine Dimension des oberen Bogens und die kräftigen Bogenfußpunkte auf dem Mittelpfeiler widersprechen dem. Es bleibt auch die Frage offen, wie eine Lösung bei mehr als zwei Bögen aussähe.

Bei der Eisenbahnbrücke über den Rhein zwischen Mannheim und Ludwigshafen stand eine Lösung des „Zwickelproblems" während der ganzen Entwurfsphase im Vordergrund. Die obere Umrisslinie sollte so geführt werden, dass der Eindruck von Zusammengehörigkeit der drei Bögen und von Kontinuität (nicht nur) der Linienführung entsteht (Bild 2). Die „altertümelnden" Polygonbögen sind die Konsequenz aus der Spreizung der Hauptbögen und den daraus folgenden großen Hängerabständen, die mit dem ersten Hänger am Verzweigungspunkt beginnen. Parallel dazu werden die Biegemomente im Bogen erheblich vermindert. Übrigens: Ein Seil mit großen Hängerabständen zeigte ebenfalls Knicke, die nicht zu vermeiden wären.

Die Fußgängerbrücke über einen Kanal bei Duisburg irritiert mit den zwei kleinen Bögen unter einem die ganze Brückenlänge überstreichenden Hauptbogen: Sie werden in Brückenmitte an ihren Fußpunkten gefasst und über dünne Hänger in die Mitte des Hauptscheitels hoch gehängt (Bild3). Dies erweckt den Eindruck, ein ursprünglich vorhandener, stützender Mittelpfeiler wäre der Brücke entzogen worden.

Eine interessante Bogenvariante zeigt die TGV-Brücke bei Mornas, südlich von Pierrelatte (Bild 4): Vom Fußpunkt an teilen sich die Bögen jeweils in zwei eng übereinander liegende Teilbögen auf. Sie sind im Scheitel und am Fußpunkt mit Scheiben und im übrigen Bereich durch kurze Hänger miteinander verbunden. Diese kurzen Hänger haben einen Abstand von einem Viertel der Distanz der großen Hänger.

Auch längeres Verweilen und Suchen nach dem Kraftfluss lässt die Frage danach unbeantwortet: Welcher Bogen trägt die Last, der untere, der obere? Wie verteilen die zwar eng gesetzten Hänger die hoch gehängte Fahrbahnlast auf die übereinander liegenden Bögen? Auf dem Rechner mag es Ergebnisse dazu geben, doch zeigt sich dies in der Konstruktion? War es eine Suche nach neuen Formen, nach Formen ohne konstruktive Bedeutung?

Einzelbauwerke, Solitäre, können im Widerstreit mit sich selbst oder der Umgebung liegen, wie die Schrägseilbrücke in Sevilla. Ohne Zweifel ist die Brücke im Bild 5 im Gleichgewicht: mithilfe der nicht herausgestellten Einspannung des Pylonfußes im Fundament. Dieses Wissen gilt jedoch nicht für den optischen Eindruck: Das Auge vermittelt, der Pylon werde von den Seilen am Kippen gehindert. Tatsächlich tariert dieser durch seine Neigung das Eigengewicht des Brückenträgers, die Nutzlasten übernimmt er mit Hilfe seiner Einspannung im Fundament. Auch wenn der untere, im Schatten liegende Brückenbereich bei Beleuchtung das horizontale Band höher erscheinen lässt, so ändert sich der optische Eindruck des Ungleichgewichtes nur wenig.

Anders ist es bei der Schrägseilbrücke von Millau. Ihr höchster Pylon, in Bild 6a im Vordergrund, übertrumpft um einige Meter die Höhe des Eiffelturms. Die Leistung der Ingenieure und der Bauunternehmen ist unbestritten. Die Form lässt mit der Dauer des Betrachtens Zweifel aufkommen. Bei der Eröffnung der Brücke und in den Publikationen wird die Übertrumpfung des Eiffelturms immer wieder betont. Der Turm jedoch, zu seiner Entstehungszeit sehr umstritten, ist gegliedert, gibt dem Auge Haltepunkte, zeigt Kraftfluss an, was den Betonpfeilern fehlt.
Doch wichtiger ist, dass für die Gegend und für die Stadt eine neue Silhouette entstanden ist, die das in Jahrtausenden gewachsene Landschaftsbild verändert.

Statt von einer Brücke über den Tarn auszugehen, die mehr oder weniger hoch über dem Fluss liegt, brachte die Idee, zwei Plateaus und nicht zwei Ufer zu verbinden, den Sieg im ausgeschriebenen Wettbewerb. Das schmale horizontale Band, Bild 6b zeigt es noch auf den roten Hilfsstützen und den Betonpfeilern aufliegend, wirkt beim Blick aus der Stadt wie eine Begrenzung des Horizonts, dabei ist es auch nach der Fertigstellung geblieben. Solche Auswirkungen sind am Modell vorab nicht zu studieren. Die Brücke lebt, Bild 6a zeigt es ebenso wie der Eindruck vor Ort, nicht mit seiner Umgebung zusammen: Es besteht keine Beziehung zwischen den harten Seildreiecken und der ruhigen Linie der Berge.

Entwerfen bedeutet immer: die Geschichte fortschreiben und alte Formen neu gestalten. Warum keine Hommage

Bild 4 TGV-Brücke bei Mornas

Bild 5 Schrägseilbrücke in Sevilla

Bild 6a Schrägseilbrücke Millau

Bild 6b Fahrbahnband, Brücke vor Fertigstellung 2004

Bild 7a Rahmenträgerbrücke über die Schelde

Bild 7b Funkmast im Bau

à *Arthur Vierendeel* und dessen Rahmenträger? *Vierendeel* entfernte aus dem Fachwerk die Diagonalen, um mehr Leichtigkeit zu erreichen, und kam so zum Rahmenträger, der von Anfang an über viele Jahrzehnte eine Flut von Theorien zur Berechnung solcher Konstruktionen auslöste.

Die erste Rahmenträger-Straßenbrücke wird 1902 über die Schelde bei Avelgem errichtet (Bild 7a). In gleichem System, nur räumlich angeordnet, entstehen abgespannte Funkmasten, der höchste erreicht 280 m Höhe. Bild 7b zeigt den Fußpunkt eines im Bau befindlichen Mastes. Die Idee *Vierendeels* lebt weiter, so auch bei den beiden folgenden Fußgängerbrücken.

Über zwei kurze Randöffnungen und ein weites Mittelfeld tragen bei der Gustav-Heinemann-Brücke die beiden durchlaufenden Rahmenträger mit quadratischen Gefachen ihre Last. Von einer konstruktiven Hervorhebung, die den Kraftfluss beispielsweise über den beiden Innenstützen andeutet oder ahnen lässt, ist abgesehen. Das Erscheinungsbild zeigt eine durchgehend stetige Rasterung und gleiche Profile; die hauchdünne Verstärkung des Untergurtes über dem Auflager ist unauffällig (Bilder 8a und 8b).

In einer anderen Gestalt zeigt sich die Fußgängerbrücke in Grötzingen/Karlsruhe, eine als Rahmenträger ausgebildete Überführung über S- und Eisenbahngleise (Bild 9). Auch hier sind Pfosten und Gurte in einem Profil gehalten. Die Pfosten sind in ihrem Rhythmus dem Verlauf der sie beanspruchenden Querkraft angepasst. Zur Feldmitte hin vergrößert sich der Abstand und mindert die Schwere der

Bild 8a Gustav-Heinemann-Brücke in Berlin

Bild 8b Gustav-Heinemann-Brücke, Detail

Bild 9 Fußgängerbrücke in Grötzingen/Karlsruhe

Konstruktion. Zwei Endpfosten betonen die Wirkung als „Enddübel“. Der Blick auf den Trägeruntergurt wird durch den Berührungsschutz beeinträchtigt. Die Idee *Vierendeels* ist fortgeschrieben in Richtung seiner angestrebten Leichtigkeit.

4 | Schlussbemerkung Einen kleinen Überblick über die vielen Versuche, Klarheit über die „richtige“ Gestaltung von Brücken zu gewinnen und wenn möglich, diese in Regeln oder Empfehlungen zu fassen – gibt der zweite Abschnitt. Es ist der eine Weg; ob er zum vertieften Verständnis bei einer großen Zahl von Brückenplanern beigetragen hat, sei dahingestellt.

Einen anderen Weg ist *Jörg Schlaich* gegangen, dem es – nach vielen Jahren mit vielen entworfenen und ausgeführten Brücken – schließlich auch gelungen ist, einen maßgebenden Bauherren, die DB, von der Notwendigkeit zu überzeugen, der Gestaltung mehr Platz einzuräumen: Ein von der DB installierter Brückenbeirat hilft dabei. Diese Lösung ist nicht beliebig wiederholbar.

Was fehlt und gut täte, der Sache und unserer Darstellung nach außen, ist eine angemessene Konstruktionskritik im größeren Kreis, mit Breitenwirkung nach außen, wie am Ende des zweiten Abschnittes erläutert. Eine solche Kritik weitet das Verständnis für unsere Werke aus, in unseren Kreisen und unter Laien, die Brücken oft faszinierender empfinden als wir Ingenieure, jedoch zu den Gestaltungsfragen von uns wenig Gehaltvolles erfahren.

Nicht nur die – zumeist junge Ingenieure begeisternde – für Laien unverständliche Theorie zeichnet unsere Werke aus: Unser nicht messbares, von der Person, dem Zeitgeist, dem Kulturkreis und der Erziehung geprägtes Gestaltungsvermögen ist das Gegengewicht zur Theorie; beides zusammen, Inneres und Äußeres, ergeben ein stimmiges Werk. Darüber müssen wir berichten und auch streiten.

Literatur

[1] Stiglat, K.: Konstruktionskritik. In: Beton- und Stahlbetonbau 88 (1993), H. 3, S. 57–60.

[2] Baumeister, R.: Architektonische Formenlehre für Architekten. Stuttgart: Hoffmann'sche Verlags-Buchhandlung 1866.

[3] Vierendeel, A.: La Construction Architecturale en Fonte, Fer et Acier. Louvain/Paris 1901.

[4] Meyer, A. G.: Eisenbauten. Ihre Geschichte und Ästhetik. Esslingen: Paul Neff Verlag 1907 (Reprint Berlin: Gebr. Mann Verlag 1997).

[5] Jordan, H., Michel, E.: Die künstlerische Gestaltung von Konstruktionsformen. 1. Band: Text, 2. Band: Abbildungen. Berlin: Carl Heymanns Verlag 1913.

[6] Zucker, P.: Die Brücke. Typologie und Geschichte ihrer künstlerischen Gestaltung. Berlin: Ernst Wasmuth Verlag 1921.

[7] Hartmann, F.: Ästhetik im Brückenbau – Unter besonderer Berücksichtigung der Eisenbrücken. Leipzig und Wien: Franz Deuticke 1928.

[8] Rukwied, H.: Brückenästhetik. Berlin: Wilhelm Ernst & Sohn 1933.

[9] Schaechterle, K., LEONHARDT, F.: Die Gestaltung der Brücken. Berlin: Volk und Reich Verlag 1937.

[10] Bonatz, P., Leonhardt, F.: Brücken. Königstein im Taunus: Karl Robert Langewiesche Verlag 1951.

Impressum

Dr.-Ing. Klaus Stiglat
Hegaustraße 18
76199 Karlsruhe

Bibliografische Information der Deutschen Nationalbibliothek
Die Deutsche Nationalbibliothek verzeichnet diese Publikation in der Deutschen Nationalbibliografie; detaillierte bibliografische Daten sind im Internet über http://dnb.d-nb.de abrufbar.

Verlag für Architektur und technische Wissenschaften GmbH & Co. KG, Rotherstr. 21, 10245 Berlin, Germany

Bildquellen

Baxter, Colin / Grantown-on-Spey, Scotland: S. 103.
DEGES / Berlin: unten links S. 12.
Homberg, Hellmut: S. 98.
Ingenieurgruppe Bauen / Karlsruhe: unten S. 9, oben S. 10.
Institut für Auslandsbeziehungen / München: S. 54, S. 55.
Just, Birgit / Rastatt: oben S. 9, unten S. 10, oben links S. 12, unten rechts S. 12.
Lehmann, Ingeborg F. / Pforzheim: S. 13.
Wenn nicht anders angegeben: Fotos bzw. Abbildungen aus dem Archiv des Autors.

Produktion: HillerMedien + Sophie Bleifuß, Berlin Gestaltung und Satz: Anja Gollor + Henry Hajdu, Potsdam

Reproduktionen: bildpunkt, Berlin

Druck und Bindung: CPI Group (UK) Ltd, Croydon, CR0 4YY. Gedruckt auf säurefreiem Papier.

ISBN 978-3-433-03038-7

Bevollmächtigter Vertreter des Herstellers gemäß EU-Produktsicherheitsverordnung ist die Wiley-VCH GmbH, Boschstr. 12, 69469 Weinheim, Deutschland, E-Mail: Product_Safety@wiley.com.